自我的觉醒

拥抱真实自我的力量

［英］**安德鲁·帕尔**◎著

（Andrew Parr）

高宏◎译

The
Real You

How to Escape Your Limitations
and Become the Person You Were Born to Be

机械工业出版社
CHINA MACHINE PRESS

你想不想自我感觉更好、拥有更多自信、提升自我价值感和自尊，但又不让自己变得狂妄自负？你想不想在这个世界上感觉更安全、更有保障，不必过度保护自己，也不必将自己封闭起来？你想不想更强大、更有力量、更能掌控自己的生活和周围的世界，而不需要过度控制自己和他人？你想不想感觉到在这个世界上有自己独特的位置和目的、被接受、有归属感、有连接感，而不必改变真实的自己？你想不想在感情中体验到更多的爱与愉悦，而不用在这个过程中做出牺牲或经历失落？你想不想感觉更轻松、更自由、更有能力做自己？如果你对上面的任一或全部问题都做出肯定回答，本书就适合你。本书献给所有曾经挣扎的人，以及所有曾经敢于梦想的人。它会让你了解自己的问题来自哪里、为何迄今仍难以解决。为此，作者设计了一套循序渐进的练习，只要你诚实、坚持下去，这套练习就会帮助你在改善生活中每个关键领域的状况方面取得重大进展。

Copyright © Andrew Parr 2021

Illustrations by Alice Parr © Andrew Parr 2021

First published as The Real You: How to Escape Your Limitations and Become the Person You Were Born to Be in 2021 by Penguin Life, an imprint of Penguin General. Penguin General is part of the Penguin Random House group of companies.

北京市版权局著作权合同登记 图字：01-2021-3878 号。

图书在版编目(CIP) 数据

自我的觉醒：拥抱真实自我的力量／（英）安德鲁·帕尔（Andrew Parr）著；高宏译.—北京：机械工业出版社，2022.11（2024.1 重印）

书名原文：The Real You: How to Escape Your Limitations and Become the Person You Were Born to Be

ISBN 978-7-111-71716-4

Ⅰ.①自… Ⅱ.①安… ②高… Ⅲ.①自我控制-通俗读物 Ⅳ.①B842.6-49

中国版本图书馆 CIP 数据核字（2022）第 180992 号

机械工业出版社（北京市百万庄大街 22 号 邮政编码 100037）
策划编辑：坚喜斌　　　　　责任编辑：坚喜斌　陈 洁
责任校对：张亚楠　王 延　　责任印制：李 昂
北京联兴盛业印刷股份有限公司印刷

2024 年 1 月第 1 版·第 2 次印刷

145mm×210mm·10.625 印张·1 插页·243 千字

标准书号：ISBN 978-7-111-71716-4

定价：69.00 元

电话服务	网络服务
客服电话：010-88361066	机 工 官 网：www.cmpbook.com
010-88379833	机 工 官 博：weibo.com/cmp1952
010-68326294	金 书 网：www.golden-book.com
封底无防伪标均为盗版	机工教育服务网：www.cmpedu.com

献给给我生命的父母，献给亲爱的读者，
也献给所有日常生活中的英雄

为何阅读本书？

- 你想不想自我感觉更好、拥有更多自信、提升自我价值感和自尊，但又不让自己变得狂妄自负？
- 你想不想在这个世界上感觉更安全、更有保障，不必过度保护自己，也不必将自己封闭起来？
- 你想不想更强大、更有力量、更能掌控自己的生活和周围的世界，而不需要过度控制自己和他人？
- 你想不想感觉到在这个世界上有自己独特的位置和目的、被接受、有归属感、有连接感，而不必改变真实的自己？
- 你想不想在感情中体验到更多的爱与愉悦，而不用在这个过程中做出牺牲或经历失落？
- 你想不想感觉更轻松、更自由、更有能力做自己？

如果你对上面的任一问题或全部问题都做出肯定回答，这本书就适合你。

本书献给所有曾经挣扎的人，以及所有曾经敢于梦想的人。它会让你了解自己的问题来自哪里、为何迄今仍难以解决。我设计了一套循序渐进的练习，只要你诚实、坚持下去，这套练习就会帮助你在改善生活中每个关键领域的状况方面取得重大进展。

本书无意于取代任何形式的医疗或治疗干预。如果你患有精神疾病或任何形式的复杂性创伤后应激障碍（C-PTSD），你应该寻求相关的专业帮助。

前　言

当我走上伦敦牛津广场地铁站维多利亚线的南行站台时，已经是晚上十点半了。站台上只有另外两个通勤族，都是男性。两个人相距甚远。第一个人小心翼翼，还没走到登车处便停了下来，站在站台一半的位置；另一个人则站在隧道口附近，地铁列车就从那里钻出来。我站在两个人中间的位置——男人一般都这样，对这种安排，我自己也感到有些好笑。

听到列车驶来时，我向左扫了一眼，看到了隧道里的灯光和站在月台上的那个人。就在列车即将探出头之前，我又向右扫了一眼，看了看时间，我想知道是否能在维多利亚站转车。

突然，隧道里传来一阵尖锐刺耳的声音，我猛地摇晃了一下。我捂住耳朵，向后蹲下，那辆飞驰的地铁列车正试图紧急停车，轨道上火花四溅。它终于停了下来，只有2/3露出了隧道。这时突然安静得可怕。

"天哪，你看到了吗？看到了吗？"站在站台中间的那个男人喊道，"他跳下去了，他跳下去了！"

我朝左边望去。果然，紧挨隧道口站着的那个男人不见了，站台上只剩下我们两个人。

列车的门依然紧闭，把乘客关在了里面，又是一分钟左右的安静。

站台工作人员终于来了，可是，奇怪的是，他们完全忽视我和另外一个等车的人，就好像我们俩隐身了似的。没人跟我们说话，没人问我们任何问题。我们紧挨着在站台的椅子上坐了下来，默默地看着工作人员把乘客从车厢内疏散出来，引导他们走出地铁站。站台最终清空后，我们还在那儿坐着，刚刚发生的一切感觉那么奇怪。我们俩、一辆安静的列车、几名工作人员和一个人——或者一具尸体——躺在某段铁轨上。

接下来我和那个共同目击者聊了几句，我意识到这条线路现在关闭了，工作人员毫不理会我们的存在。我走出地铁站，跳上一辆出租车，完成我在维多利亚站的换乘，朝家里走去。

他为何要卧轨？他在逃避什么？他想做什么？

人们之所以自杀，一个最常见的原因便是企图逃避自己的感受和正在经历的事情，因为他们看不到积极可行的未来。奇怪的是，现在回想起来，当这件事故发生时，我完全理解他可能拥有的感受。之所以说"可能"，是因为其实我们不可能知道他的动机。但在我生命中的那个特殊时期，我感觉被卡在那儿、困住了，我甚至希望整个世界都陷入混乱，这样我就不用面对或解决我当时经历的事情。我会在后面分享一些细节，但我的确理解为何那么多人想放弃，在我的一生中，这并非头一次。

我每天都感觉内心在被撕裂，想要逃离。不过，我并不是要轻生——我知道这会给别人造成多么可怕的创伤，所以从未视此为一种选择。我想逃离我的感受，这样我才能继续生活。

太多人都曾有过这种绝望的时刻，当然，在有些情况下，换个环境也许很合宜（这一点我们后面再谈），但本书并不是要鼓励任何人逃避任何事情。归根结底，我并不相信我们能够逃避——不管去哪儿，我们都会把自己带上。本书尤其不是要鼓励任何人逃避自己的感受和情感，虽然很多人都尝试过，但我也不相信我们能做到这一点。

这本书谈的是如何躲避、解决和克服一些限制——抑或我们认为的限制——这样我们就能在当下自我感觉更好，能在生活中迈步向前。如果我们这样做，就会拥有新的机会、新的可能，事情就会发生变化，我们的感受也会不同。我们做出不同的选择，拥有不同的经历，并且倾向于做更多能给我们带来更大的满足、愉悦、奖赏和幸福的事情——这正是我希望你们通过阅读本书所体验到的。

在那天晚上的站台上，三个陌生人被扯到了一起：一个结束了自己的生命，一个不为我所了解，还有一个——我——则决定再一次让生活恢复正常！

这并不容易，有时我不得不挖掘得很深，为此我利用了一些资源——我希望我的孩子们永远不需要用到它们。不过，由于多年来我曾不止一次到达边缘（比喻性的），我知道，无论这看起来有多难，总有一条回来的路，而且，总是值得这样做的。

我认为可能只有一个性格特点起了作用，我也鼓励你们在自己身上培养这个特点，那就是：坚持不懈。

坚持不懈也有助于我和客户打交道。在执业治疗师学院授课时，学员们曾观看我在课堂上做的现场演示，反复评论我这个特点，这时我才意识到：似乎在别人已经放弃或接受事物呈现给他们的表面价值之后很久，我还在挖掘，鼓励客户深入探究那些引起某个特定问题的想法，这样我们才能在根源上解决它们。深入、持久的改变往往需要耐心和不懈，还需要拒绝接受事物的表面价值。

"你能帮我找到这粒乐高积木吗？"几分钟前，当我正在打字时，我的小儿子问道。"我找不到了。"他说。

"是什么样的？"我问。他给我看了看图片，我装出认真看的样子，但它太小了，我根本看不清。"肯定在什么地方，你会有办法找到它的。再找找，换种方法。"我说。我急于继续干我的工作。他有点儿生我的气，可过了不一会儿，他就找到了那粒丢失的乐高积木。

"你会有办法的"是我经常向孩子们灌输的一句话，这句话能帮他们为自己的生活做准备。我之所以这样说，可能是因为我不得不经常这样对自己说，其次数之多，我都不想提。这句话也适用于你，无论你发现自己当下处于何种处境，总会有办法的。

我即将与你分享的方法基于我自己这些年来跟成千上万个客户打交道的经历，再加上上千小时对他人的教导，当然，还有这一路我不断克服自己性格弱点的一些体会。

早先，在我二十五六岁时，不知何故，我的生活突然乱套了（这一点我也会在后面展开）。那时我住在北伦敦的一个破旧公寓里，公寓下面是一家嘈杂的、臭烘烘的烤肉馆。有一天，我发现自己坐在地板上。"我该怎么办？"我双手抱着头，不知在对着谁说。就在这时，我听到脑海里有个声音在说："了解一下催眠术！了解一下催眠术！"

于是我就去了解了。我曾在电视上看过一位催眠师的舞台表演，还在大学里参加过一次现场催眠表演，但随着我对催眠的治疗作用的了解不断加深，我开始对这个主题、对人类大脑的机制和做出改变的潜力着迷。我学习了催眠治疗和心理治疗，参加了各种各样的课程，阅读了我能找到的所有相关书籍（那时是黑暗时代，没有互联网），并最终开设了一家私人诊所，那时我才二十七岁。人们常常对我说，我这么年轻就这么做，是多么勇敢、有勇气，但根本不是这样的——我只是从来没想过我干不成！

催眠疗法主要分为两大类：临床催眠和催眠分析。临床催眠一般特别注重解决方案，其目标是利用催眠暗示将一个新想法引入你的大脑，帮你得到解决方案，可以用很多方法来实施；催眠分析（亦称分析性催眠）则相反，它的目标是找出背后的原因。事实上，整个治疗界经常以这种方式对催眠疗法进行划分和细分，各派别对自己的优点和缺点都深信不疑，我认为这主要归因于他们在刚开始学习时接触到的是哪个分支。我很幸运地接触到了以解决方案为重点分析方法，所以我总是能看到每种方法的好处，并在适当的时候在它们之间切换，同时还能从一系列其他专业中汲取养分。

可是，我从未真正喜欢过治疗师、催眠师、人生教练或任何类似的称呼——实际上，我从不喜欢被贴标签，真的。一直以来，我最享受的是解决问题和谜题，所以如果你们力求改变或转变生活中的任何处境，我想鼓励你们把这些处境当成一个个要解开的谜题。

无论你身处何种困境、无论你想挣脱哪些限制，请相信，总会有办法的——我们只需要弄清楚是哪片拼图给你造成了当下的问题，然后让你的大脑开始在这个层面上运转。

我经常关注那些能扭转局面、克服困难或在奋斗中取得成功的人。我常对自己说："嗯，如果他们能做到，那我也能。"反过来看，这一点也适用于你：如果我能做到——现在仍然如此——你也能。你们只需要以正确的方式坚持下去，不要害怕要面对的一些事情。

任何人都能做到，对不对？只要你能做到这一点，其他的事情都会自己解决。

我在本书中会经常提到催眠术，但这并不是一本讲催眠治疗的书。它讲的是如何帮助你改变人生，我有许多工具来帮助人们实现这一目标。但一定要记住重要的一点：给我们带来我们所追求的满足感的，并不是实现目标或克服困难本身。真正有意义的是我们在进行这样的尝试的过程中所经历的个人成长和转变。就连那个古老的"旅途与终点"的说法也不重要，更重要的是在旅途中我们成了什么样的人。这才是真正的奖赏，这才是宝贝。

目标本身最终会失去光彩、不再新鲜，而我们在实现这个目标的过程中所成为的那个人却经久不衰。

在十七岁那年，我听了一场由企业家兼慈善家约翰·詹姆斯举办的讲座。他是我在布里斯托尔就读的那所学校的赞助人（这要感谢一个助学项目，否则我父母根本付不起学费）。一般听这类讲座时我都会打瞌睡，但这个讲座却很特别，给我留下了深刻、持久的印象。詹姆斯以一种极其谦逊、毫不张扬的态度说道："我的人生目标一直是健康、富有、睿智——按照这个顺序。"

引起我注意的是"按照这个顺序"这句话。"健康是首要任务，"他解释说，"因为没有了健康，其他一切也就没什么意义了。"他接着说，财富可以让他享受生活，做善事，他宁愿既富有又愚蠢，也不愿意既睿智又贫穷，这话顿时令我笑逐颜开！睿智的确不错，但如果没有它，至少他还拥有健康，能享受生活，一路上还可以帮助别人。在我看来，这似乎是个值得追求的目标或理想，不管出于什么原因，这些话和詹姆斯的声音令我终生难忘，每当我感到有点迷茫或对自己没有信心时，它们便会安慰我；当我需要有人从背后踢一脚时，它们便会激励我。

如果你正在阅读本书，就一定会有一个当下的目标，无论你是否意识到。你的目标极有可能是在生活中的某个领域转变自己的思维方式、感受方式和行为方式，从而取得某个对你具有某种意义的结果。

你会碰到一个问题——我称其为"表面症状"，你想用某种令你感觉更好的东西来改变、缓解、去除、取代这个问题。你想停止思考、感受、经历某件事，而去思考、感受、经历另一件事。

表面症状带给你的痛苦或不适将是你采取行动的动力；在解决这个表面症状过程中，你所成为的那个人将使你获得自由、让你更快乐。

　　大部分人都未能充分意识到我们每个人是在何种程度上与自己做斗争的。只有从意识和潜意识两个方面面对我们围绕某个特定问题产生的想法、感受和情绪，我们才能真正从当下所在之处抵达想要去的地方——并留在那里。如果不这样，任何想做出改变却不从这两个方面去面对问题的尝试、这些问题背后的任何情绪力量都将一直是暂时的，或者让我们产生一种在下行自动扶梯上向上跑的感觉。当我有一天夜里在伦敦地铁最长的一条自动扶梯上试着这样跑之后，我可以确凿无疑地告诉你们：这太累了。仅仅靠意志力和热情，我们可以跑很久，但很快我们就会发现，跑到最后，其实我们停了下来。我们最终累得筋疲力尽，又回到了位于最下面的起点，看上去离上面还很遥远。这种体验让我们感觉很沮丧，也很厌倦，这时我们可能会顶不住诱惑，会在一段时间内不想再去尝试。

　　听起来很熟悉吧？

　　考虑到这一点，本书并不想谈如何使你拥有更大的意志力和决心，以便能坚持不懈地在那个下行自动扶梯上跑下去，直到到达扶梯顶端（当然，如果能正确加以利用，意志力和决心也至关重要）。本书谈的更多的是：首先，这个扶梯为何是下行的，我们能做些什么来缓解、扭转这种影响，从而使其变成一个能更轻松地将我们带到想去的地方的扶梯。

　　例如，喷气摩托艇选手保罗·休伊特曾经来找我，告诉我他在表演某个技巧时遇到了困难，他想把这个技巧融入到他为一场即将到来的比赛开发出的一系列动作中。这个技巧需要他将自己那辆0.8升的喷气摩托艇转个180度急转弯，好让他有足够的动力让摩托艇垂直沉入水中，摩托艇的头部朝上。

　　当摩托艇下沉时，他想从坐着的地方一跃而起，这样他的手就能抓住摩托艇的头部，而他的脚则跳到手柄上，以便用脚操作油门。

然后，当摩托艇在水下抵达最低点、他的脚尽可能长时间地保持油门全速运转时，他想"猴跳"到船头，这样，当摩托艇加速并像火箭一样冲出水面时，保罗就能以倒立的姿势站在摩托艇的头部！

"我总是在关键时刻退缩。"他告诉我。我难以置信地望着他，很想知道这个非常讨人喜欢、温和的男人怎么能这么理智。

然而，当我们深入探究下去并找出他在那个关键时刻究竟有什么恐惧时，我们发现了他身上的一种退缩模式在他生活中的很多方面都曾出现。在我们解决了这个恐惧问题后，保罗找到了一种新层面上的自信：他不仅在评委面前漂亮地完成了这个动作，而且这次出色的表现还使他在那个周末直接赢得了英国自由式喷气摩托艇冠军，而最后一轮比赛还未结束。这次恐惧的释放也对他生活中的其他方面产生了积极影响，让他能以很多不同的方式迈步向前。现在，他正在帮助别人来做到这一点。

我们每个人可能并不需要在摩托艇上做倒立，但我们每天产生的那些想法、感受和情绪，以及当它们引发压力和焦虑而产生的那些个人的、情绪上的或习惯上的问题会使我们面临一些问题，致使我们退缩。有些问题很明显，而有些则微妙得多。当我们试图解决这些问题时，我们会发现，往往会出现更多问题。

有些人觉得这没什么，会接受它，认为这就是问题本来的样子，生活本来就这样；有些人会从专业治疗师那里寻求帮助——我用这个词来涵盖那些各种形式的、有声或无声的治疗；还有些人则求助于大量的自救类图书。

对很多人来说，治疗大有裨益，令他们改头换面；但是对有些人来说，治疗耗时很长，取得的进展却微乎其微（如果有任何进展的话），在涉及的更深层次、更根深蒂固的问题时，尤其如此。很多进行了长期治疗后来到我这里的客户都告诉我：他们完全了解了自己的问题，但问题依然存在！

自救类图书信息含量大得令人难以置信，而且很能鼓舞人，让人改头换面。毫无疑问，这类图书挽救了无数人的性命，也曾帮助过无数人。但它们有时可能过于简单，而且听起来让人感觉个人发展易如反掌。

让我们面对现实吧：自救往往很难；治疗往往很难。本不应这样，但事实往往如此。不过，有一个解决办法，我们将在本书后面讨论。

这些年来，大多数找我来寻求帮助的人都让我给他们某样东西——更多自信、更多冷静、更多控制力、更多意志力、更多内心力量、更多决心——这样他们就能停止用从前的方式来思考、感受或表现，开始用一种不同的方式来思考、感受、表现。但我发现，若想长期帮助一个人，最有效的方式是先从他们那儿拿走某样东西——可能是一个错误的想法、一个无形的信念、一个自我设置的限制——然后让它被更积极的东西所取代。因此，本书要做的便是带你踏上一个直抵你的恐惧和限制核心的旅途，让你面对潜伏在那里的所有原始情绪，当你返回时，你会精神抖擞、面貌一新，最重要的是，你会得以释放。

每当我这样做或帮助客户这样做时，我就会看到那个人在成长，变得更充实，更像他们自己，更纯真、更真实、更自由。

其实，在大部分时间里，我做的主要是帮助人们解除发生在他们身上的事情，或者更确切地说，解除那些他们在应对这些事情的时候收集到的带有局限性的想法或观念，这些想法和观念后来表现为障碍、挑战或不正常的态度和行为。

从某种意义上说，我们每个人都曾被生活催眠。用催眠的那一套老话来说就是：生活将一些想法引入我们的头脑，我们当下会将这些想法作为真理来接受，并采取相应行动，有时是有意识的，有时是下意识的，这既可能给我们的行为、进而给我们的生活带来积极的变化，也可能带来消极的变化。每当我们接受某个想法，认为它是"真理"，而并不对其进行必要的质疑或检验时，我们就可以说生活用一套自然催眠程序对我们进行了设定。

如果我们能好好地利用这种现象，让它为我们服务，它就会让我们的生活增值。如果用它来对抗自己，就会出现问题。

很多时候我们都未发现：尽管我们有意识地想得到某样东西，但却下意识地关注另一样东西。我们前面举的那个喷气摩托艇运动员的例子便属于这种情况：保罗很想完成那个技巧，但某个陈旧的想法却阻碍了他，直到我们解决了这个问题，他才得以完成那个动作。

正是这二者之间的冲突带来了问题，这一冲突产生的主要原因是我们内心有一些隐形的或未被质疑的想法。不过，利用自然出现的一些心理状态，我们可以开发出那些互相冲突的想法在其中运作的领域，并开始在成因层面进行更深入、更持久的改变。

在最近的一个培训课程上，我邀请了奥运会皮划艇铜牌得主伊恩·温尼来演示一项由 ProBiometrics 公司开发的新技术 ProCVT，该技术利用对心率变化的极精确测量来确定迷走神经张力。他解释说，我们的心脏的自然速度是每分钟跳动 110 次左右，但迷走神经会对心脏进行制动，使其减慢到我们每日常见的速度，经测量，这个速度比较舒适。

然而，当遇到压力或危险、或需要额外能量时，迷走神经便松开制动。我们的心脏几乎在瞬间恢复到较高的心率，这比逐渐爬升要有效、高效得多。

同样，我把为人们解除催眠、松开他们的制动当成我的工作。

我是一位解除催眠师，帮助人们松开各种心理、情绪和生理上的制动，我采用的方法往往是帮助他们了解那些曾把各种错误信念深深植入他们内心的令其情绪激烈的记忆或想法。

不过，在多年来观察到我的客户的身上无数次发生这种情况后，我逐渐意识到了另外一件事：在人生旅途中，我们不断积累了一层层的怀疑和限制，隐藏在它们下面的是被我称为的"真正的你"，他在等待机会散发光彩。这个"真正的你"其实自我价值感很强，在这个世界上感觉很安全、有保障，能够掌控自己的生活，有被接纳感，有形成亲密关系的能力。

多年来，我也慢慢意识到：我们为缓解表面症状所做的每一次尝试，其实都是为了让我们离成为更真实的自己更进一步——或者让我们身份中的那一部分更多地浮现出来。

每当我们让自己从真实的自己的角度来处理事情，在某种意义上，生活就更美好，或越来越好；反之，生活就很糟糕，或越来越差。

但是，这里我需要明确一点，这并不是说只要把所有的"坏东西"清除掉就好了；通过对客户和我自己的观察，我注意到"坏东西"其实也很重要，也有用，可以让我们的生活更丰富。它使我们拥有了某种无法以其他途径获得的东西。虽然我们在经历它的时候感觉它像是一种限制，或是感觉很痛苦，但在克服它的过程中，我们会有机会成长，变成更丰富的人。

如果用等式来表示，那就是：

真正的你 + 克服局限 = 更丰富的你

这里的"更丰富的你"就是我所说的"你生来要成为的那个人"！

假如你在生活中未曾遇到那些让你成长并成为那个人的困难与限制，你就会是另一个样子。与其相比，你生来要成为的那个人是进化得更高级的你。

所以，如果当下有哪些领域让你感觉自己正在受困、挣扎、无法取得明显进展，请不要绝望。这些领域中的每一个都给了你非常实际的、将改变你的生活的成长机会，这个机会远远超越了那些促使你先去求助的表面症状。

并不是说这很容易，也不是说你可以自己来承担一切。近三十年来，我一直在利用催眠来探索人类大脑的机制，本书便是迄今为止对我在如何帮助人们方面学到的知识的总结。它将告诉你们，什么是你们自己可以做的，什么需要你从别处获得一定帮助及为何需要帮助——尽管不一定非要从一个收费的专业人士那里获得。

不过，本书在写作过程中遇到的一个最大挑战便是如何将某次一对一亲密会谈中涉及的那些感人至深、令人洗心革面的体验——在这些会谈中，我带着客户踏上一次内心深处的旅途，剥落一层层的恐惧与局限，然后再将他们带回，此时他们已面貌一新、精神抖擞，对自己和生活都有了全新的看法——转化成为一套用于自救的练习。

因此，如果有时练习看起来很复杂，那不过是因为我们人类有把事情变复杂的倾向，设计这些练习的初衷便是消除这种复杂性。隐藏在这一切下面的答案一直都非常简单。

我知道你曾经历的苦难给你的生活带来了限制；我知道在你心里有个真正的你，他在等待被释放出来。如果我能帮你识别所有你一直装在心里的、自己给自己设置的限制（无论是已知的还是未知的），并在克服它们上面取得进展，我相信你能够，也一定会成为你生来要成为的那个人，并在生活中体验到极大的改善，得到更高层次的奖赏、幸福和个人满足感。

虽然我接受过催眠治疗和心理治疗的培训，但我也涉足过心理辅导、心理咨询、神经语言程序学（NLP）、个人发展和大多数有可能帮助他人改变的教学领域。因此，我开发出了一套自己的体系——E. S. C. A. P. E. 法，它将帮助你摆脱那些无法再为你服务的东西，让进化版的真实的你闪耀光彩。

如果你感觉现在就想进化到下一个层次的自我，那咱们就开始吧。不过，正如我一直教导我的学生的那样，"先设法理解，再设法解决，"否则我们怎么知道我们正试图解决的是正确的事情？所以，就让我们先细细打量它吧！

目　录

第一章

为什么我们会有问题?
这些问题的本质是什么?

大脑的模式

在开始考虑解决问题或理解我所说的解除催眠的意思之前，我们需要了解生活首先是如何催眠我们的，以及这如何给我们造成了一些不断重复循环的问题，使生活有时变得困难。只有这样，我们才能真正找到一个持久的解决方案。只有这样，我们才不仅可以解决问题、打破重复的模式和周期，还可以在某种程度上让自己进化。

在解释这一点时，我主要使用两种"大脑模式"。我最初是在多年前参加压力管理课程时接触到第一个模式的基础版，我把它称为金字塔模式——尽管后来我对它进行了调整并重新命名。第二个模式我称之为图书馆模式，是我为自己开办的人生第一个培训课程创建的。在学员提出问题时，根据我对他们的观察，我开发出了这两种模式。

金字塔模式

我们大多数人都熟悉"意识"和"潜意识"（或"无意识"）这两个术语，但我将以一种略微不同的方式来解释这些术语。你们可能对这种方式还不熟悉，因为你们有时会感觉像是有两个不同的实体或人格在我们身体内打斗。

我们头脑中的意识部分代表了我们在任何特定时刻都能意识到一切。当你在阅读这本书时，你可能意识到你手里的书、读书设备或者听书设备；你也可能意识到你身边的事情，比如气温，如果这对你有意义的话（我现在所在的地方有点冷，我有点想打开暖气）；

你也可能意识到椅子、沙发、床、海滩、火车、浴缸、草地或任何在此刻支撑你的身体的东西；你还会意识到你能听到的所有声音，甚至可能意识到自己隐约在想接下来可能要做什么。

你虽然知道自己叫什么、住在何处及其他类似信息，但在我提到它们之前，你可能对它们并没有意识。但现在既然我提到了，它们可能就出现在你的意识之中，因此诸如接下来要做什么这类其他想法可能就不得不让位以腾出空间（见图 1－1）。但我现在又提到它们了，它们就会再度回来，你的名字就会悄无声息地走开。等等，它回来了！

这种对信息的短期处理通常被称为我们的"工作记忆"，我们通常认为，有意识的大脑一次能处理大约四五条信息，尽管某些人可能处理得多，而另一些人可能处理得少。我并不想制造性别定式，但研究表明，在多语言信息处理方面，女性似乎比男性略胜一筹。

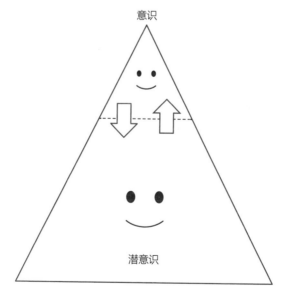

图 1－1　信息流动

如果你在我看电影时跟我说话，我就会怒冲冲地瞪着你。我可以跟你说话，也可以看电影，但请不要让我同时做这两件事，我会疯掉的。

然而，当我们谈论工作记忆对空间意识的处理时（包括视觉化和导航），一些研究表明，与女性相比，男性往往觉得它们更容易。不过，男女在这方面的总体表现似乎是平衡的，所以最好不要在这个问题上太过纠结，以防自己想方设法跟定式保持一致！

我想表达的主要观点是：无论何时，我们的大脑中的意识部分单次能承载的信息量都是有限的——我们可以专注于这些信息，对其进行逻辑思考；可以依据我们认为什么是重要的和值得关注的，不断地将信息移入、移出我们的意识。（请注意这句话的前半部分）。

在工作记忆模型中，什么重要、值得有意识的大脑关注这一决定由被称为"中央执行"的区域来做出。"我应该继续和朋友交谈，还是应该暂停一下，将资源用于评估过马路的安全程度？"这是一个由中央执行区域做出的典型决定。

像名字、住址这些有时不需要我们有意识地去关注的细节又是什么情况呢？它们当然储存在我们日常意识下面的某处，但依然是可以获得的，我们通常称其为潜意识或无意识。"潜"的意思是位于某物之下或在下面，而"无"的意思是没有，虽然我倾向于交替使用这两个词，但为了达到本书的写作目的，我将使用潜意识，意思就是：它在我们完整的意识之下或在下面。就这一点而言，我希望你能注意到第一个要点：信息可以在我们的意识和潜意识之间来回流动，这取决于我们在某一时刻认为什么是值得关注的焦点。现在让我们快速看一下两者在实践中的一些功能。

功能

我们大脑中的意识部分是为集中性注意力而存在的，这里的集中性注意力包括有逻辑的、理性的决策和非常慎重的、有意识的战略思考过程。潜意识则负责处理其他几乎所有的事情。

大脑的意识部分帮助我们查看公共汽车时刻表、计算我们抵达某处需要多长时间、该乘坐哪辆公共汽车及何时出门才能赶上公共汽车。大脑的潜意识部分帮助我们记住公共汽车是什么、预计会发生什么、乘公共汽车是什么感觉，还要让我们的身体正常运转，让我们能呼吸、发挥自身功能。

潜意识有很多功能，但为达到本章的写作目的，我想提请你们注意其储存和检索信息的能力，以及对我们每个人的影响。

想一想生活中那些发生在我们身上的事情。比如，有一个事件发生了：我们第一次坐在椅子上；我们拿着笔；我们靠在桌子上；我们用杯子喝酒。这些事件中的每一个都给我们留下了印象，我们将其储存为记忆，以后在我们需要时（通常是被某种事物触发后做出反应），就可以回忆起来。

这很了不起，因为它意味着我们不必在每次遇到新事物时都去学习。它意味着我们可以走进一个之前从未进入过的房间，看到一些我们之前从未见过的物品，却知道它们是什么。

我们的大脑通过感官接收传入的信息，并在其内部检查我们对该信息的了解情况，然后向我们的意识发送一个信息，这样我们就知道我们在处理什么，并知道该做什么。

它是一支笔，我可以用它写字。

它是一张桌子，我可以在上面放东西。

它是一个杯子，我可以用它喝水。

我以前从未见过这种样子的笔、桌子或杯子，但我对和它长得很像的那种东西有所了解，它总体上符合那种东西的外观和感觉，所以我假设它就是那东西。

我们以为这是理所当然的，但在我们清醒的每一刻，这个过程都在发生——不停地接收各种输入的信息，在大脑内部参考我们已有的知识，然后对接下来如何做给予回应。据各类研究估计，我们每天大约产生 60000 个想法，甚至更多。

你能否想象，如果我们每天都要发现所有的东西，就像第一次遇到它们一样，生活会变得多么复杂？

不过……让我们来给这个增加一个维度，让它更有趣一点儿。笔、桌子、杯子都很有用，但不可能给我们留下深刻、持久的印象，除非它们与众不同。所以，让我们带入一些感受和情感。

我十一岁时，经常乘坐一趟车程为 50 分钟的公共汽车上下学，而且每天几乎都是一样的：同样的时间、同样的公共汽车、同样的路线。有一天，我平时回家的那条线路出了问题，于是我就坐了另一辆公共汽车，它把我放在离家大约 1 英里（1 英里 = 1.609 千米）的地方，我打算步行穿过公园，走完剩下的路回家。可是，当我踏入公园时，我看到前方有一条狗，没有主人在旁边，它挡住了我的去路。我一直怕狗，在此之前，除了有几次去拜访家中有狗的远房亲戚外，我从未如此近距离地接触过狗。这种满口獠牙的野兽性情莫测、爪子尖利，总是呼呼地喘息着；总之，这种生物有着潜在危险，让人不快活，最好躲着点。

我当时感觉无比惊恐，就好像在那儿站着的是一头狮子。我努力说服自己这没什么，但恐惧还是占了上风，最后我一步步退出公园，绕了路回家，比平时晚了一个小时到家。在刚刚与死亡擦肩而过、惊险地逃脱后（我觉得是这样），我拼命忍住了眼泪。

这段经历在我的记忆里停留了很多年，只要我一靠近狗，"狗很危险，可能会追我、咬我"的感受就会触发不信任和焦虑。每当我看到一只狗在游荡，脑海中的某处就会将我带回到公园里那一刻。这种情况持续了很久，直到我自己养了狗（是两只西藏梗，据我所知，它们是最接近活的泰迪熊的动物）。当年那条可怜的狗所做的一切不过是站在那儿看着我！

如果我们经历了一件让我们产生强烈感受或情感的事情，那么我们不仅会对此产生记忆，在某种程度上，还会为这种记忆附加相关的感受和情感。

然后，每当有什么事发生、触发了这种记忆时，我们就极有可能还会体验到相同的感受或情感（见图1-2）。某张照片会唤起我们对某次假期的美好回忆；某种熟悉的气味会把我们带回到某个令我们愉快的场景；某只狗会让我们回想起我们曾经在公园里被它吓破胆。

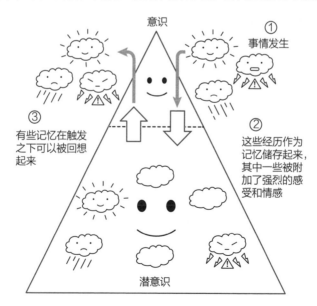

图1-2 记忆的产生与触发

发生了某件事，它触发了我们心里的某样东西，我们就拥有了某种体验。

用非常简单的术语来说，这种事发生在每个人身上，我们都曾因为过去的某次特别的经历或一系列经历而引发过某个具体问题。发生了某件事，我们的各种感官接收到传入的信息，于是我们产生了情感上的回应。

想想你的生活中发生的某件不愉快的事情。你是否能迅速回忆起它，甚至开始能感受到当时的一点（或很多）感觉？这有时非常容易，有时则不那么容易，但这个过程在重现：如果发生了某件事，触发了那些带有不愉快或不舒服的感受的记忆，我们极有可能在回忆的那一刻体验到当时的部分或全部情感。

但这并非全部。这种情感上的回应会让我们或是想要做些什么，或是要回避些什么；如果我们有某种恐惧，比如怕狗、怕打针、怕某些人或怕公共演讲，并且我们无法迎接挑战，通常就会想要跑开、躲起来或逃避。

注意，要明白一点（这很重要）：我们无法有意识地选择或决定触发哪种感受——它似乎往往"只是发生了"。焦虑、紧张、害怕等感觉可能看起来不受我们控制，这类反应似乎自动发生。但其实它之所以看起来像是自动发生的，是因为我们并未完全意识到这整个过程。大脑中的潜意识部分隐藏在意识之下，或者说被收藏了起来，不在意识之中。这并不意味着它不曾发生，只能说我们未能清醒地意识到它的发生，通常是因为它发生得太快了。我们的意识需要500毫秒（半秒）来理解某个处境，而潜意识只需要12毫秒便能做出反应，如果是巨大的噪声，则只需要5毫秒——这比有意识的思考要快100多倍，在有潜在危险的情况下，这可能会挽救我们的生命，比如让我们在听到令我们感到害怕的声音时立刻跳回来。

其结果便是：信息传入后，我们的潜意识完美地对其进行处理，并根据对信息的解读情况几乎瞬时做出反应。

有趣的是接下来它对我们产生的影响。今后我们的本能反应就是尽量避开那些恐惧或不愉快的感觉的来源，无论这个来源是什么。用上面的例子来说就是，我们可能会尽量避开狗、打针、某些人和公共演讲。这很合理，对吧？

只可惜，并非如此。奇怪的是，我们似乎最终无法避免这些事情。我们不能简单地避开我们的恐惧、限制或可能经历的任何问题的根源，因为我们的内心似乎有某种东西在找寻它们或吸引它们，或者两种情况都有。我们似乎恰恰是在把那些想要逃避的东西引向自己，或把自己引向它们。不管我们害怕什么、恐惧什么，它都会冒出来，一次又一次。它就像块磁铁一样，把我们吸引了过去。

怕狗的人会看到到处都是狗；怕打针的人需要验血或注射旅行疫苗；害怕公共演讲的人发现自己的角色要求自己不时地在一群人面前讲话。

为什么会这样，我们后面再讨论，但现在我想让你意识到：

不管我们自身承载了什么，不管我们对它付出多少精力、情感或关注，它都会找到一种方式来表达自己。我们越是拼命抗拒它，它就越顽强。

如果这种情况持续一段时间，就会出现重复性模式——思维、感受和行为上的模式。生活中的外部特点和处境可能会变，但它们所产生的思维、感受和行为却会一直为我们所熟悉，这一点令人不安。

痛苦就在这里。当我们在新的处境下经历从前的感受时，这些新处境就会被添加到我们现有的关于人生本质的信息库中，从而强化了从前那些感受和情感。这就又为这一过程增加了更多意义、含义和情感冲力，使我们在一生中进一步重复这一情景，直至找到某种方式来终结这个循环。

造成这个重复性循环的并不仅仅是显而易见的恐惧，而是我们的全部感受和情感。譬如，如果一个人的父母有虐待行为，这个人往往会发现自己的伴侣也有虐待行为；在学校遭到过霸凌的人会发现他们在工作中也受到霸凌；小时候曾被迫产生内疚和羞耻感的人会发现自己在成年后做出导致内疚和羞耻感的事情。

反之亦然。小时曾被打压、感觉自己很弱小、无足轻重的人会变得过于强势、咄咄逼人；一个被羞辱、被贬低的孩子变成了羞辱者和批评者；一个小时候生活在充满恐惧、暴力的环境中的人长大后可能会寻求同样的东西，将恐惧和暴力施加给别人。

我在这里给你的是一个简单化的解释，但我希望你能明白我的意思。

最终的结果是形成了一个循环：我们内心中的某种东西（不管是什么）在寻求表达，把它的同类一次次返还给我们，为我们制造了一些体验，让那些相同的感受和情绪再次浮现，对最初形成它们的一些想法加以强化，而这些想法又会制造更多体验。

可能我们很难用常规方法打破这些循环，有时我们甚至都没意识到它们的发生，只是想"啊，不！为什么是我！又来了，不要"，这时就更难。但如果我们想要摆脱限制并彻底迈步向前，就必须解除这些循环。这些循环会受到一些激烈的想法的驱动。它们可能是已知的，也可能是未知的；可能是显性的，也可能是隐性的。如果我们能识别造成某个特定问题的全部想法，而且——最重要的是——消除对它们的任何情感投资，循环就会减弱，重复性循环就会减少或完全停止，由它们带来的那些表面症状也会消失。

注意，这并不是说我们经历的每个含有负面感受或情绪的事件都会产生问题，也不是说我们的每个问题都以这种形式产生。但是，如果我们曾经有过某种经历，它让我们产生了强烈的情绪反应（往往发生在童年时期），当时这种情绪反应并未得到妥善处理，而是渗透到了我们的潜意识中，那么我们大脑中的潜意识部分就会寻找机会，让我们不断产生相同的感受。并非无时无刻都这样……但它会寻找机会这样做，直到这个问题得到处理。

就这样，生活将我们催眠，让我们在特定时期以特定方式来思考、感受或表现，这和舞台上的催眠师让其催眠对象对某些暗示做出反应一模一样。我们以为每天都在过着自己的生活，但其实大多数人都被生活催眠，有时只是在潜意识层面被触发并做出反应，再现一些模式，然后尽最大努力有意识地处理这些结果。

如此看来，似乎有了这种二分法：我们既拥有自由意志，同时又受制于生活对我们在潜意识层面的编程。我们不断进出于各种不同的心理状态——时而行使自由意志，时而仅仅对编程做出反应。

当有意识的自由意志与潜意识层面的编程相一致时，事情往往会很顺利，我们会感觉良好。但是，当有意识的自由意志与潜意识层面的编程——来自我们内心的想法——相冲突时，我们就会发现自己在挣扎，在下行的自动扶梯上往上跑。

除此之外，仿佛有某种不可避免的过程在起作用，让我们越来越多地接触到这些触发我们反应的事物，以至于每个人都有一个个人世界，这个世界知道如何按下按钮来启动我们各自的恐惧和敏感。难怪有时会感觉那么难！

观念是看法，而非事实

正如你想象的那样，我们在生活中会接收大量信息并将其储存起来以供将来参考。所以在一段时间后，我们的记忆和信息存储系统就会变得非常繁忙。如果每当遭遇什么事就让大脑把对每一次经历的每个记忆都翻阅一遍，并且仅仅是为了确定这是什么事及我们应该怎么做，那效率简直奇低。所以，为了加快这一过程，我们有一个简单的参考系统，我们称之为"观念"（见图1-3）。

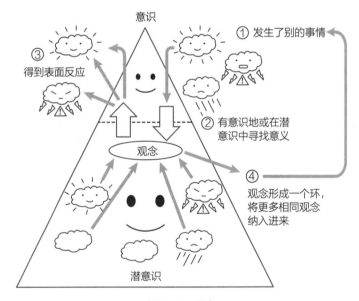

图1-3　观念

可以说，观念是迄今为止我们对关于某个主题或话题所了解到的一切的总结，所以如果"某事发生"，我们的大脑就会说："对此我有什么了解？该如何反应？"我们有了某种参考，可以做出相应的反应或回应，当我们面临威胁或危险时，这一点尤其重要，它会让我们活命。

我们的观念并不一定真实或准确，但我们相信它们是真实的，因为它们建立在我们迄今为止对生活中各种经历的解读之上。可以说，观念其实就是一种观点，是在我们对某一时期所得到的信息的解读中形成的；不过，我们也会去寻找一些经历和遭遇来强化它们，让它们看起来更为"真实"。

在我们的大脑模式中，可以说有很多这样的观念，它们就在我们的意识的下面，准备着在需要时为我们所用。它们涵盖了生活中的每个领域：健康、人际关系、事业等。事实上，在任何一个领域，只要我们的思想、感受和情感引发了一些行为，观念就都会发挥作用。

我们有个人观念、家庭观念、文化观念、精神与宗教观念、组织观念和社会观念等，仅举几例。有些观念会导致我们出现问题。的确，我们可以这样说：

我们的问题与我们的观念同样深刻。不多也不少。

不过，我想摆脱"我们的问题隐藏得很深刻，很难接触"这种想法。根据我的经验，很多让我们产生问题的想法其实都是能被我们意识到的，可供我们审视，但我们不假思索地接受了它们，认为"事情就是这样的"，这样它们似乎就隐身了，致使我们最初很难发现它们。

我们还要意识到（这一点同样重要）：这些观念并非无缘无故地存在，我们大脑中的某个层面有一些支撑它们的证据——通常是一些情感上的记忆或经历，使它们显得合理。

- "我小时候被蜜蜂蜇过，所以我现在认为蜜蜂会伤害我。"

- "有一位我很尊敬的老师告诉我，我在学习上是个废物，所以我现在认为我在学习上是个废物。"
- "我觉得自己不如兄弟姐妹重要，所以我现在认为我不太值得被爱、被关注。"

可是，看一下上面这些话的末尾，想想它们会起什么效果。如果允许这些想法在我们下次遇到这些情况时影响我们，它们就等于在说：

- "蜜蜂会伤害我。"
- "我在学习上是个废物。"
- "我不太值得被爱、被关注。"

你能否想象：如果生活对我们进行了催眠，让我们相信这些都是真的，那么在某些处境下我们会如何表现？我们会带着这些先入为主的想法进入这些处境，如果有什么似乎触发了这些想法，我们就会做出相应的反应。我们很可能会密切注意、主动寻找这些想法，不仅如此，出于某种缘故，大脑还会不断将我们置于某些处境，让我们能遇到这些想法。

最终的结果便是，我们有了这样一个系统：我们把包括感受和情感在内的信息储存在那里，之后如果有需要，我们可以有意识地或在潜意识中借助我们的观念来参考这些信息，这样我们就知道该做什么及如何做。但这个系统似乎也很想复制自己，或者想把我们困在循环中，把相同的问题不断地带到我们的生活中，让我们不断产生那种感觉！

是这样吗？

你看，迄今为止我们都把重点放在一些通常被认为是比较消极的观念和经历上，一些让我们感到糟糕、害怕、困顿、失落、沮丧、受伤的事情。但对于生活中所有美好的事物，这条原则也同样适用。

积极的经历会产生积极的观念，它们能把那些我们认为具有积极性质的经历——幸福、安全、被爱、有趣、强大、成功等——引向我们，或者把我们引向它们。

这些年我在帮助别人、同时也帮助自己的过程中注意到一点：每当我们解决或解除某个陈旧的、将我们限制住的观念，那些由这些观念引起的症状和重复性模式不仅开始减少、减弱，甚至会消失，而且还会被新的、更积极的观念和重复性模式代替，而它们又会继续产生新的"症状"和重复性模式，只是这一次其性质是积极的，我们通常会开开心心地留在这些循环中！

老树倒掉后，原地就会长出一棵新树苗

所以，实际上我们的那个系统并未利用那些束缚我们的观念和经历来困住我们，相反，在这个系统中，我们会不断重复一些思想、情感和行为上的相同模式及它们所造成的结果，直至决定找出其原因为止。这时我们的经历便进化到一个新层次上，它通常会给我们带来更强烈的成就感、自由和幸福感。这个系统似乎希望我们能被治愈或得到进化，因为它不断地给我们提供这样做的手段和机会！

是症状和问题，还是变相的机会？

如果我们的大脑——或生活——似乎在不断让我们重复经历一些事情，或者将我们置于一些令我们产生似曾相识的感觉的处境，

那必定事出有因。在研究自然和进化时，我们发现这个行星上的动植物所拥有的每个小小的怪异的习性都在某个方面有用处。它们和我们都曾经历了数百万年的进化，大自然会强化那些有用的方面，去除那些没什么用的方面。

所以，人类这一由观念驱动的、情感与经历重复循环的特点必定是有用的。那么，这种不断重复循环的现象，或者一些由观念驱动的"消极"体验，是否为进化过程的一部分？这当然能帮我们增加逃脱危险的机会，因为如果及早认识到这些迹象，我们就能采取行动。但有没有可能，这些在我们眼中是症状和难题的问题，其实是变相的个人进化机会？

前一段时间，我的后背受伤了，十天内我几乎动弹不得。去卫生间我需要拄着拐杖走半小时，有时还不得不半路停一会儿，因为如果移动得太快，就会引发痉挛，会让我疼得发抖。记得有一天我不知道该怎么才能把自己的手从撑着我的门把手上移到我女儿的肩膀上——有个拐弯的地方没什么东西可抓，她便站在那儿帮我，我为自己的无助而崩溃，差点哭出来；我记得我曾看着一只水壶，想着我这辈子可能再也无法再泡壶茶了——对我来说，举起这么重的物件似乎比登天还难。我记得当我坐在轮椅上被人推着在机场转来转去时产生的那种丧失尊严的感觉，突然间便对那些处于相似境遇的人有了深刻的理解和同情心。"现在可不再是那副不可战胜、凡事不求人的样子了吧？"我记得当我在窗户中看到自己的样子后骄傲立刻遁形时，心里曾这样想。

信号已经非常明显：我不该再四处奔波、照顾所有人、把自己累到极限，我需要慢下来，学着去接受更多帮助、更好地照顾自己。这一次康复后——之前我也经历过这种情况——我内心的某种东西终于意识到：是时候改变、发展了。当我使用本书中描述的方法来面对那些一开始就把我逼得很紧的不安全感时，我的需求和愿望发生了改变，得到了发展，更高层次的幸福和满足也随之而来。

这同样适用于生活中的其他情况。一段关系的破裂可能会使我们直面那些导致破裂的内在问题，这样就能为下次拥有更甜蜜、更令人满意的情感体验铺平道路。在运动场上反复受伤可能会让我们审视造成受伤的原因，鼓励我们以一种更卓有成效的方式来对待训练和健身，使我们在训练、健身归来后能持续拥有更高水平的表现。生活中任何一个领域的"失败"都会让我们质疑之前未曾审视过的观念和价值观，这样我们才能最终取得更大的成功。

这个想法并不新鲜，我们在小说中都读到过，在电影中也看到过，情节线总是一模一样。一开始我们了解到主角或主人公的一些情况，他们总是在生活中奔波劳碌。接着发生了某些事情，导致他们踏上某种求索之路或旅途。一开始通常都很顺利，一切都按部就班——所谓的"新手的运气"；但接着就会发生不测。在超级英雄电影里，那个超级坏人就会出现；在我们自己那个更贴近现实的版本中，一切都乱了套，我们会经历失败、失落和无助，而且，就像超级英雄一样，我们也会被剥夺力量或能力，无法找到前进的道路。所有的希望都破灭了，我们感到绝望。

但接下来又会柳暗花明。一条道路敞开了。往往在最意想不到的地方出现了一个新机会。但同时也伴随着风险。我们不可能既维持原状又想生存下去。若要成功，我们不得不进行改变或发展，通常会有一次关乎生存的转变，会出现一个"要么行动要么死"的时刻，这时我们必须全力以赴。在小说和电影中，我们往往在此处会接受主人公所处的困境，与他们一起面对终极挑战。途中可能会有损失，甚至可能会牺牲些什么。但当故事结束、战争胜利时，我们会因此而改变。我们变老了，变睿智了，也进化了，接下来我们又要确立一个新的常态。

是否似曾相识？

最开始，这可能让改变这一想法看起来特别令人生畏——维持原状岂不是更容易、更安全？

或许吧……不过，正像我们前面提到的那样，生活似乎有希望我们以某种方式进化的习惯，无论我们如何竭尽全力维持现状，"某件事"就是会发生……我们被逼迫着踏上求索之旅。

然而，我们必须要意识到一件很重要的事：求索本身并不是问题，造成困难的是我们对它的抗拒。

在阅读本书的过程中，我希望你能明白：这一切其实非常简单，你已经拥有了所需要的一切，能够在生活中做出你想要的任何改变。稍微自我审视一下，再加上一丝坚持，就会对缓解或改变我们生活中那些恼人的症状和境况有很大帮助。稍后我会利用一个个练习来帮助你实现这一点。

然而，简单并不意味着容易，我们要面对一些挑战。不过，如果从现在开始，我们能把这些问题或挑战看作是变相的机会，把它们中的每一个都看作是一颗隐藏的宝石，有让我们发生转变的可能，那么只要我们知道这些挑战都是有意义的，有更好的东西在另一边等着我们，我们就能更舒心地应对它们。根据我的个人经验，越早开始越好，否则我们的大脑就得费更大力气来引起我们的注意。

每当我们缓解或解决自己身上的问题时，就会对周围的人产生影响。比如，当我们最终感觉到更高的自我价值、更多的爱与接受时，就更容易在其他人身上创造或激发这种感觉，这自然会使我们身处的世界一隅成为一个对我们和周围人来说更美好的地方。有没有这个可能：我们面临的这些所谓的问题、症状和难题不仅在个人层面上创造了变相的机会，而且还促进了整个物种的某种形式上的情感进化？

对这个问题，我可以让你思考一段时间，不过现在让我们先回到现实，回到日常生活中那些琐事中来。

内部世界与外部世界

简单地说，我们的日常经验是由我们的关注点决定的。（"你的焦点决定你的现实。"这是《星球大战：幽灵的威胁》中绝地武士的名言。）但大多数人都并未意识到，内部世界的关注点和外部世界的关注点之间是不断流动的。"内部世界与外部世界听起来像一场非常酷的太空战。"我的小儿子刚才探过头来，读着我写的文字，说道——在某种程度上，这往往就是一场战斗。

无论我们关注什么，它都会向我们的内心发出信号，引发反应，但这些信号的接收者——我们的潜意识——似乎很难将来自外部感官世界的信号和来自内部想象世界的信号区分开来。

我们需要了解其中的差别，更重要的是要了解：如果要对自己解除催眠、转变行为模式，如何才能有意识地影响和改变这一过程。

比如，如果我们在面对一群人讲话时感到紧张或焦虑——像我以前那样，极大的可能是我们的内部想象世界已经想到某个想法或景象，它描述的是某种令人不愉快的结果，如搞砸了或感觉很蠢、被拒绝、尴尬、被嘲讽或无能等。我们面对的那群人其实可能很善良、很想听我们讲话，所以此时的外部世界其实很安全，是支持我们的，但我们的内部想象世界却忙于参考我们的一些观念，在这个例子中，它就想出了一个负面结果。

这个由内部世界想象出的负面结果在我们内部的安全系统中引发了恐惧反应，让我们体验到紧张或焦虑，接着我们就不得不一边准备讲话一边有意识地与其做斗争。

为解决这个问题，我们要能够忽略内部想象、将关注点转移到实际的外部世界，或者创造出一个正面、有益的内部世界，这样当我们面对这种情况时，大脑就可以参考它。但要想持续、有效地做到这一点，我们还需要首先对那些引发恐惧反应的观念发起挑战，因为这些反应多半都是在潜意识中发生的，致使我们要与内心某种看起来无法控制的东西做斗争。

这种内部世界与外部世界之间的流动其实是将我们与其他动物从进化上区分开来的原因之一，有意识地思考过去、想象未来的能力很大程度上为人类所独有。如果它对我们有用，就能更好地为我们服务；如果它与我们作对，就会折磨我们，毁掉我们的生活。我们在生活中遇到的很多问题和难题都是由这种内部与外部、意识与潜意识之间的斗争引起的，而这一切又都由我们的观念所驱动。

如果想要成功地对自己解除催眠，使自己从生活中那些自我设置的限制中解脱出来，从而能够进化、变得更丰富并以某种方式迈步向前，我们最好能从那些产生限制的层面做起。

为了控制症状，我们必须掌握在内部世界和外部世界的关注点之间进行切换的技巧，以便向潜意识发出正确信息；我们必须要锻炼出结实的心理"肌肉"，如此才能有力量做到这一点。但要找出原因，我们还必须成为大脑考古学家，先来发现驱动这些想法、感觉和行为的观念，它们通常源于那些令我们情绪激动的生活经历，由于发生的时间往往太久远，以至于我们已无法再意识到它们给我们造成的影响。

案例
研究　　　　　　　　**依奇总算睡着了**

　　为了说明这种内部世界和外部世界关注点的有效性，我想向你介绍一个人，她在接受了一小时的培训后，熟练地掌握了这一点。她的名字叫依奇，今年八岁。（注意这里的细节，因为正是对微小细节的关注才使你能够解决自己的问题。）

　　按依奇妈妈的说法，依奇从没好好睡过觉，但自从她六岁半以来，她的父母就注意到她在睡眠上出现了一个更严重的问题，在过去的十八个月里，这个问题一直在逐步恶化。

　　"这种情况多半在她放学后开始，"依奇的妈妈尼基说道，"她会问我们能否睡在我们的床上，或者她上楼睡觉时我们能否睡在楼上或待在楼上。要是我们没在她睡觉的时间上楼，她就会变得特别惊恐，就会放声大哭。我们什么办法都试了，待在楼上陪着她、安慰她，可她就是不肯睡觉，害怕一睡着我们就下楼。有时候等她终于平静下来、哭累了睡着后，都已经过了半夜了。"

　　和很多身处这种情况的父母一样，依奇的父母最后也会发火，因为他们感到极其无助，不知该怎么做。接着，看到依奇明显被他们发火的样子吓着了，他们又会感到内疚，可他们就是看不到前方的出路。就这样，他们越来越累，越来越疲惫，慢慢地，他们感觉愈发无力来应对，最后就崩溃了。

　　"那是依奇一生中压力最大的时期，大得难以置信，我们也是，"尼基说，"它已经影响到我们日常生活中的一切。对我们所有人和依奇来说，每天的后半段都充满了恐惧。"最终，绝望之下，他们开始寻求其他方案，然后偶然间他们看到了我的网站，知道我提供有关儿童心理疾病的治疗。

我知道依奇之所以表现出这种极端症状，一定是最近一直觉得什么东西特别可怕，然后又用自己的想象力强化了这种恐惧。我知道，如果我能找到那个令她恐惧的东西，并让她用一种前所未有的方式来将其讲述出来，我就有很大的机会帮她相信、想象另外一个东西。

我本可以立刻动手，争取一个正面的结果……但根据经验，我知道，我越是接近原因层面的一些想法并理解它们，就越能得到更持久的正面结果，否则，我们可能仍然会在那个下行的自动扶梯上奋力向上奔跑。

为了跟依奇建立良好关系，我做了些铺垫，让她开口了。我让她讲讲她在准备睡觉的时候是什么感觉。

"害怕。"她说。

"怎么个害怕法呢？"我问。

"我害怕。"她回答。

我面对的诱惑是快刀斩乱麻，跟她说上几句安慰的话，让一切都好起来。但是，根据经验，安慰性话语对有意识的、理智的大脑有用，但对偏情绪化的潜意识则可能没多大作用。

"你害怕什么？"我询问道。她犹豫了一下。"你怕什么？"我追问。

"被谋杀！"她脱口而出，"或者被带走。"

"被谋杀或被带走？"我重复着她的话。"被谁？"

"被闯进我房间的人。"

"什么人？"

"坏人。"

"哪种坏人？"

"绑匪。"她悄声说。

"啊，我明白了！"我叫道，"现在我懂了。你一直在想，坏人，比如绑匪，会在夜里闯进你的房间，要么杀了你，要么把你从爸爸妈妈身边抢走，对不对？"

她点点头。

"你每次一想到这个，它就让你感到害怕，就好像真要发生似的，对吧？"

她又点点头。

"你最近一直很难过，想让爸爸妈妈陪你，就是这个原因。你就是为了以防万一，对吧？"

又是一阵点头。

"呃，要是我觉得会发生这种事，我不会想睡觉的。"我说道，想和她再拉近些关系。"再说咱们都有本能，要是感觉害怕，怎么可能睡觉呢？咱们要醒着，好保护自己，对吧？"

她热切地点点头，可以看出，这一刻她全部心思都集中在这件事上，心无旁骛。

有人可能觉得可怕：怎么能跟一个孩子说这样的话？但其实我只是把她脑子里想的事情公开并重复了一下。将内心的想法用语言表达出来可以让我们意识到那些潜意识中的、隐形的东西，使它们变成有意识的、可见的东西，因此更容易处理。

如果有人能把我们一直憋在心里的想法确切说出来，这也是有力量的。它会建立一种沟通，达成一种理解，架设一座桥梁。

我经常解释说，如果两个人想进行有效沟通，就必须先降下彼此的吊桥，否则他们就可能会撞上吊起来的堡垒，掉进护城河里。我看到很多父母都这样做，而且，遗憾的是，我也曾无数次对自己的孩子做过一模一样的事情，特别是初为人父的那几年。但是，如果我们能降下吊桥，让对方感觉很安全，我们就能进行有意义的交流。

当依奇目不转睛地盯着我时，我可以看出，此时她的吊桥已完全降下……不过，这个拼图还缺一块：为什么？她为什么相信会发生这种事情？于是我问了她，用的是间接引语。

"我想知道，是什么让你认为会发生这种事情？"我随口问道，几乎跟自言自语差不多，但我在最后一刻捕捉住了她凄惨的目光。

"不知道。"她说着，目光稍稍挪开。

就像所有提问者都会告诉你的那样，我们不能允许自己接受"不知道"这种回答，因为"不知道"会成为一种习得性反应，会让受访者逃避问题，不提供任何信息。

所以当依奇说"不知道"时，我得坚持下去，继续深挖。

"哦，好的，"我安慰道，"不过我想知道，你有没有想象过，它会是什么？"

好像过去了几个世纪，她才回答，猛然打破了沉默："可能好久以前我在电视上听到过什么。"

这时候我知道该做什么了。在与所有客户的初次交谈中，我基本上都在寻找以下答案：

1. 客户究竟在想象什么以致他们出现问题？

2. 他（她）怎么会想到和相信那个？有什么线索能知道这个答案？

在依奇这个案例中，我很幸运地在初次交谈的最初二十分钟内就找到了这两个方面的一些迹象。现在我们对于她脑海中的想法有了一个合理的解释。

看起来这一切可能始于几年前，当时她无意中听到电视上有人在谈论绑匪——一帮坏人，会在晚上闯入她的卧室，要么杀了她

（这是她的原话），要么把她劫走，让她再也见不到父母。我想到了麦迪·麦卡恩（Maddie McCann）的悲惨遭遇，但我没提到这一点，也没必要真的知道。但是，如果一个幼童看到了这样的新闻报道并理解了其中的含义，这一时刻就具备了利用自然催眠植入一个想法所需的全部要素：对某个想法的关注度增加、缺乏批判性分析来驳斥这个想法，以及情绪高涨（在这个案例中，就是恐惧），从而形成一个持久的印象，她的大脑在未来遇到这些情况时会将其作为参考。

幼小的孩子还基本上分不清现实与想象，所以每天晚上依奇上床睡觉时可能都觉得有人会闯入她家，要么杀了她，要么把她劫走。但她又无法用语言将这些表达出来，因为这一切都只是发生在她平常的意识之下，没人知道该如何将这一信息拎出来检查——家长手册上没写，我们也没收到过家长手册！

我本可以平静地、理性地向依奇解释这一切是怎么回事……可是，这又是在面对有意识的、理智的大脑。我需要在原因层面——观念和想象的发源地——做出改变。

此时依奇正坐在我面前的椅子上，离我有几英尺（1英尺≈0.3米）远。于是我问她是否愿意玩一个小小的想象游戏，"以帮助她在睡前感觉更好"。

"咱们让妈妈也加入进来，好不好？"我问道。

她点点头，微微一笑。

我让她俩都闭上眼睛，然后轻轻地引导她们进入一种我所说的"进入"状态（access state），我的方法是让她们关注自己的呼吸和身体的各种肌肉。我还用了一个小技巧，鼓励她更加专注于内心，后面我会教给你们。

接着我让依奇想象她即将开始一次冒险，但不是一个人，会有《忍者间谍》中的角色查德和维伊陪伴她——我之前已经了解到她很喜欢他们。我看到，在我提到这两个名字时，她的脸上浮现出微笑。

"我想让你回到过去，"我向她解释说，"查德和维伊和你在一起，我想让你们找到那个小小的你，就是刚听到电视上那个可怕的事情的你。我想让你、查德和维伊找到那个小小的你，让她知道你们来帮助她了，她不用再感到孤单。我还希望你能把心里那个可怕的感觉收集起来，然后吹散，就像这样。"

我深吸了几口气，然后大声吐了出来，好让她听到并学着这样做。

我知道其实她睡前并不孤单，有她父母陪在身边，但这种恐惧也是问题的一部分，所以让她想象中的人陪着她可以给她创造一个新的内心世界。吹气技巧是我多年前从一个叫尼尔·弗兰奇的催眠治疗培训师那里学到的。这个方法需要让孩子想象自己回到了过去，他们可以带一个英雄人物一道回去来支持、鼓励自己；回去后，他们要去寻找正在经历情绪波动的小时候的自己。我们让那个由自己的英雄陪护的孩子找到那个小一点的自己，帮助他们把心里的感受吹走——不管这感受是什么。这个方法很棒，可以帮助幼童面对过去的困扰，而且还不用让他们把这些困扰大声讲出来。

我们做了几次这种呼吸法，然后我问她："现在你睡觉时有查德和维伊在你身边保护你、对付那些绑匪，我想知道你感觉有什么不同？"

她忙着在想象中测试，我等着她的回应。

"好一些。"她终于回答了。

"好一些？"我重复道。"不错。在哪方面呢？"

"好一些。"她又说了一遍。

我感觉我们有进步，但同时感觉还可以做得更好，我在等着她给我一个具体的词语。

"我想知道，要是那帮绑匪根本没进你的卧室，会怎么样？"我问道。我想让她稍稍远离恐惧的来源。"要是查德和维伊出去对付他们，离这儿有几英里，会怎么样？我想知道，到时会怎么样？"

依奇的想象力开动起来，有时会停顿一阵，过了一会儿，她说："很好。"

"要是查德和维伊发现了绑匪，他们会怎么办呢？"我问道。我以为她会说"让忍者对付他们"或者类似的话。

可她停顿了一会儿，眼睛仍然闭着，然后宣告："他们会告诉那些人不要那么蠢、那么傻。"

"那绑匪们会怎么做？"我问，不由得在心里微笑起来：跟我那种过激的内心推测比起来，这个回答是多么有智慧；我还很高兴，因为我想确保我们没留下尾巴。

"他们会停下来，走开，做点更好的事情。"她一本正经地说，仿佛我这个问题很愚蠢。

"那你现在马上要睡觉了，知道查德和维伊那样做了，还知道绑匪们也不会再那么干了，他们会做点别的更好的事，你是什么感觉？"（我尽量用她的话来说。）

"好些了。"她说。

"怎么个好法？"我追问。

接着，在停顿了很久后，她终于叹了口气，说："安全。"

搞定！

这就是我一直在等待的词：安全。

依奇和我们一样，为了能轻松、安宁地入睡，需要有安全感。但我希望这种安全感能来自她自己，而不是我这里。现在，依奇用自己的想象和一些对她有意义的人物和想法为自己成功地创造出了这种氛围。

趁她的眼睛还闭着，我花了几分钟，把我们刚才说的一切总结了一下来帮她加强这种安全感。我还告诉她，她睡觉的时候会想到这些。接着，我轻声让她们睁开眼睛。

这天晚上，和往常一样，尼基八点钟让依奇上床。十分钟内她就睡着了，而之前她一直到半夜都还醒着！

大约一星期后，尼基给我们发了个信息，说依奇的生活发生了彻底的变化，她再也不害怕夜晚了，而且每天都开开心心地自己一个人入睡，这对所有关心她的人来说，都是一个巨大的安慰。

依奇已经掌握了她的内心世界，所以现在她的想象力是在为她服务，而不是奴役她。她已经更新了自己的观念系统，所以现在入睡时感觉很安全。虽然我在一些地方给了她一点鼓励和引导，但一定要记住一个关键点：实际的解决方法来自依奇自己。她经历了十八个月的恐惧与不安，可一旦我们知道究竟发生了什么，能在正确的层面上加以解决，几分钟就改变了她。

在依奇身上发生的这一现象也同样会发生在我们每个人身上。有时很容易解决，有时可能会有点麻烦。但原理一直都很简单——我们心中的某种观念会导致我们思考、感受某些事情，而这又会影响我们的行为。如果我们能更新或转变这种观念，我们的生活就会发生相应的转变，进行相应的更新。

有意识的理智与无意识的情感

当我们努力解决生活中的困扰时，有个很大的问题，那就是我们往往从大脑的意识、逻辑、理智的角度来这样做，而不是从潜意识、情绪反应的角度来这样做。这会让我们对所谓的问题产生理智上的理解……可是，如果问题没有解决，肯定还发生了别的什么事情，导致问题的产生，所以我们需要深入挖掘。

在积极思维、个人发展和心灵鸡汤的世界里，我们经常听到这样的话："要把'斧头磨快'，向前冲就好了，更努力地工作，保持正能量，冲、冲、冲，加油、加油、加油！"当然有时候这很有用，能帮我们取得令人难以置信的结果，可是如果我们挖错了地方，或者只是浅尝辄止，那么无论我们花多长时间来磨斧头或运用自己的意志和决心，都挖不到金子。我们要找对地方，然后挖下去、再挖下去，以确保处理的是问题的真正根源，而不仅仅是其影响。

我们越是能轻松地找到问题的根源并在这一层面培养出更有用的心态，就越无须处理表面上的事情。

为做到这一点，我们需要找到得力的工具。幸运的是，这个工具对我们每个人来说都是现成的，其形式为自然发生的心态，我们所有人天生就是使用这个工具的专家。不过，我们面临的挑战是如何能有意识地掌握它，而不是让它在潜意识层面发生，否则我们就会把大量时间花在努力处理后果上。

自然催眠："进入"状态

一千个人对催眠有一千种理解。对我来说，在利用催眠对客户进行成千上万次的咨询后，我的理解是：它只是一种极其自然发生的心理状态，我们每个人每天都要上百次、上千次地进出于这种状态。

回想起来，我怀疑我上学的大部分时间都处于这种状态：凝视着窗外或盯着黑板，如果需要的话，我可以意识到周围的情况，但不知何故，我却意识不到。我脑子里尽在做白日梦，想着一些别的更想干的事情。很多人在开车或做重复性工作时也会体验到同一现象。

我们并不像被施了麻醉的病人那样猛然失去意识且进入催眠状态，我们是在一天之中不断进进出出于这种状态，把意识从外部感官世界转移到内部想象世界，然后再转移出来，毫不费力，就像呼吸一样。

我们可能会逐渐放下生活中的各种紧张和压力，缓慢地游移进催眠状态，也可能一瞬间跃入催眠状态——如果有什么吸引了我们的注意力，让我们以正确的方式对其加以关注的话。我们并不需要燃着香并冥想几个小时才能达到深度放松，也不需要紧闭双眼。催眠是一种心理状态，而非身体状态。

催眠太平常了，大多数人甚至都意识不到自己处于催眠状态，只有识别了一些迹象，才会明白。催眠没有任何神秘、魔幻之处，每个人都能做到。不过，千万不要被它的轻松、简单所欺骗。它就像电一样，虽然看不见，但我们却能观察到它的影响——它对我们的生活的影响力最强大、最深刻，从我们出生那一刻到死亡那一刻，它无时不在。

每当我们让自己暂停一下批判思维、不去质疑某个想法，就会游移进催眠状态。如果我们能充分暂停批判思维，或许就能利用这个机会将一些新的想法引入大脑的工作机制，而这又能以某种方式为我们服务。我们还可以反其道而行之，利用这个机会来过筛大脑里一层层的记忆与观念，接近那些已经进入大脑却尚未得到解决的伤痛和创伤，从而让它们不需要进行漫长的治疗就能得以愈合，得到释放和解脱。

催眠与控制及被控制无关，它更多的是以某种方式集中注意力。我们可以随意诱导催眠，既可以自己进行，也可以在别人的帮助下进行，但只要生活中的某件事为我们创造合适的环境，它也会自发地发生，这就是我所说的"自然催眠"，尽管它们其实是同一回事。

每当我们将注意力集中在一个想法上时，自然催眠就会发生。不管这个想法是好是坏，只要我们丝毫不去质疑它，它就能抵达我们的潜意识，我们每天沉溺其中的所有的自言自语也算在内。如果我们让这些想法和关注点持续下去，它们就会得到强化，接着我们就能在今后的思想、感情和行为上体验到其影响。

正是这个自然催眠的过程使我们产生了很多（并非全部）问题。一旦理解并认识到这一点，我们就能利用这个自然过程本身来接近并清除那些已经由生活灌输给我们的陈旧的观念，转而关注那些我们想要用来对它们取而代之的更为积极的新观念，为我们带来深刻、强大的转变。

不过，由于"催眠"一词有许多相关内涵，我往往会避免使用这个标签；无论我如何费力解释，很多人还是经常会等待"抵达那里"，并且"被催眠"，而未曾意识到生活已经让他们到了那里！

相反，我会使用一些日常用语："让你的大脑向里走一会儿。""只要关注这个想法片刻就行。""保持住那种感受，看看它会把你带到哪里。"

在我自己的大脑中，我把它理解为"进入"状态，即一种心理状态，在这种状态下，我们可以更轻松地进入那些造成我们的问题的思想、感受、记忆和观念，打开一扇通向潜意识的大门，将那些不再为我们服务的陈旧观念释放出来，让更多新的、更有益的观点取代它们。

催眠、自然催眠、"进入"状态，不管怎么称呼它，它都让我们在大脑中下降一个层面。它让我们从日常的斗争中退后一步，进入我们内部的思想、感受和情感，正是这些思想、感受和情感造成了一些表面症状，形成了我们的问题。催眠还能让我们强化或促进已经持有的那些积极想法，因而，即便是浅尝辄止，也会让我们感到振奋、焕然一新，拥有全新的视角。

如果我们以这种方式运用我们的意志、关注、坚持和决心，它们就会被大幅放大。

我们已经看到这个自然催眠过程如何在孩子的大脑里催生想法，以及我如何反其道而行之，将新想法引入她的大脑，让她最终能睡着。现在我介绍凯特给你认识，让我们看看这个方法如何对成年人起作用——她在自然催眠的影响下被封锁在一个由毁灭性关系构成的循环里，你看看我如何利用同样的过程帮助她解除循环并创立一套更积极的观念，让她将其融入自己的生活。

这里，大家还是要注意故事的细节，因为这是一个很好的例子，如果你想给自己生活中的任何领域带来转变，就要利用后面的练习来进入这个例子给出的各种层面。

案例研究　　　凯特找到了做自己的勇气

当凯特刚联系我并向我寻求帮助时，她解释说，虽然这些年来她自己做了很多努力，但她现在已经四十三岁了，在两性关系方面已经形成了一个模式：她吸引到的伴侣要么控制欲极强、不正常、爱指责人，要么就对她并没有真正的兴趣，让她感觉自己对他不重要。

凯特有咨询学硕士学位，最近还在我的执业治疗师学院报名学习。她说："这几年我做了一些研究，所以意识到，我之所以吸引到这些伴侣，有某种潜意识层面的原因，因此要想做出改变，我有责任弄明白为何会这样。"

凯特在康复过程中很愿意为自己的行为承担责任，这一点令我印象深刻，她与那些跑过来对我说"救救我"或将自己的困境归咎于所有人、所有事的人很不同。我从未期望任何人能对发生在自己身上的事情负责，我期望的是他们能对自己的康复负责。否则，他们将永远是受害者。

我们开始聊起凯特的过去，几分钟后我便明白：这是个坚强的女人，独自抚养一个儿子，在生活中历经风风雨雨，努力工作，只为能超越过去，让自己变得更好，可是她却被自己的心魔困住，这些魔鬼将她封锁在那些由毁灭性关系形成的不断重复的循环中。

刚开始交谈时，我问她："那么你认为这一切都是如何引起的呢？"她立刻告诉我说，她曾经被她的保姆的一个朋友猥亵过，当时她才八岁，有个夜晚，那人出现了。

"幸运的是，"她说道，"这是个一次性事件。"可她又接着说，她一直跟父亲很亲近，跟母亲的关系比较紧张，她的父母都并不特别关心她的情绪，尽管现在回过头来看，他们并非有意如此。

（你可以看出来，她在同一句话中提到了被猥亵和缺乏关爱，这绝非巧合。当我们做后面的练习时，你会发现，正是这种关联性陈述会提供线索，让我们识别出自己的隐形观念。）

凯特的父母分开后，她跟妈妈生活。在她十二岁时，她的妈妈再婚，从此她便有了继父，那个男人在言语和精神上都有攻击性和虐待性。

在描述这段时期时，凯特说："我在童年时代和少女时代都很忧伤，我可不想再重温我的童年时代，哪一段都不想。那次创伤让我非常愤怒，但我的童年时代和少女时代过得也很压抑。我没办法把这些说出来，虽然我最后还是说了，但并不顺利！我被贴上'败家子'的标签，他们控制我的生活的方方面面，哪怕是极其微小的细节。我的指甲被啃烂了，我开始出现饮食失调，但幸运的是，我靠自己迅速想办法解决了后一个问题。"

上大学期间，她出现了失眠，当时她二十二岁。她去做了心理咨询以帮助自己解决这个问题。可是，尽管她觉得咨询师很可爱，但她得到的建议却并未起效。

在二十七岁至二十九岁，她和一个非常体贴、关心她的伴侣待在一起，那个男人无条件地爱着她，可她却处理不好这段感情，因为她觉得自己配不上他。她会冲他恶言恶语（多半都是喝了酒之后），事后又会觉得特别愧疚。

等到三十岁时，她出现了严重的失眠，到了难以承受的地步，同时还出现愤怒、焦虑、恐惧的感觉，这时她意识到自己有了虐待创伤问题。

她开始对日常生活感到恐惧，并继续用酒精来麻醉自己，让自己感觉好一些。

当时她在谈恋爱，她下决心要做些什么来改变自己的行为，同时也想改善长期失眠。于是，她寻求了更多帮助，但最终，心理咨询和纯粹放松式的催眠疗法却对她不起作用。在悲伤、绝望和沮丧之下，凯特最后还是和未婚夫分手了，她并不想这样——她还爱着他，而是因为她担心再和他在一起她会处于崩溃的边缘。

接着事情开始发生变化。在三十岁到四十岁期间，她一直跟另外一个催眠治疗师治疗，这位治疗师主要帮助她应对创伤释放和那些由与继父、母亲的关系产生的问题。她体验了回归疗法，即针对由创伤引发的情绪来实际地释放、解决问题，而不是像先前那些疗法那样仅仅谈论问题。在这一疗法的作用下，她终于能放下以前对日常生活所感受到的某些恐惧，比如独自一人在房子里睡觉。

虽然凯特的失眠和焦虑最终开始改善，但它们却并未完全消失，因此几年后，在又一个毁灭性关系循环的驱动下，她最终预约了和我的初次治疗。

当我坐在那儿听凯特讲话并观察她描述自己情况的方式时，这些模式立刻显而易见。我怀疑无论她做多少次咨询和辅导，都永远无法真正解决这个问题。尽管她一开始跟我说她已经处理好了过去的事情，只想解决目前这段感情的问题，但我感觉，在这种情况下，我们还需要再深入挖掘，因为那些循环并非自动发生，肯定是有什么原因的。最好的解决方式往往是深入进去，找到问题的核心。

在执业的最初几年，我觉得自己有一系列奇妙的治疗工具可供使用，真是够聪明的。可随着时间的推移，我逐渐意识到：与让一个人大脑的内部机制为其工作相比，我那点小聪明顿时黯然失色、不值一提。我现在明白了，要想帮助别人解决终身的问题，我并不需要聪明，只需要启动这个过程，让事情在正轨上运行就行。最重要的是，我要确保客户不回避那些棘手的细节，即自救治疗中那些通常让我们放下书本或跳过去、传统疗法也尽量不去讨论的部分。

我已经知道，如果你能追随自己的感受，它们就能带你找到观念，但这并非一个理智的过程，为了能得到全面释放，它必须得是一个体验性过程。我能看出，凯特之前做的催眠治疗在这个方向上起了很大作用，但经验告诉我：这里面有很多层，要想找到最终解决方案，我们必须要挖得更深才行。

在帮助凯特放松大脑并进入其内部时，我让她将注意力集中在她一直在体验的各种感受上，并追随它们，深入到里面。

我们发现了很多未能发泄出来的愤怒，还有被抛弃的感受和无人关爱的感觉。

（回想一下她一开始所说的那些关于虐待和无人关心的话——不知不觉地，她已经在告诉我这两者之间存在关联，还告诉我真正的问题出在哪里，我们必须要去解决。）

"与你的感受同在，"我告诉她，"只需与它们同在。"在进行这种治疗时，人们总是会滔滔不绝地讲述他们的愤怒，这当然有用，但我总是提醒他们："愤怒是一种反应。我想知道在愤怒之下是什么感觉或有什么不安。去寻找感受，伤害、痛苦都行，无论它是什么。四处寻找一下。"

在我和凯特说这些时，我注意到她的表情发生了变化，她在进入一个更深的层面，突然，她的情绪变得激烈起来。"当我被猥亵时，为什么没人在我身边？事后为什么也没有人关心我？"她抽泣着，"为什么？"

凯特并非只在思考或讲述发生过的事，此刻她正在重新体验当时那些感受（即被抛弃、无人关心的感觉），就好像她又回到了过去。这就是我们所说的疏泄——重现这些年一直保留下来的最初的情绪。

当她的成年人的大脑将儿童时代的想法说出来时，当这种情感上的痛苦从她内心喷涌而出时，我可以看出，这是对来自一个极深处的、她承载了三十五年、在一段又一段感情中无意识地被复制的伤害和痛苦的清洗。

在这第一次情绪上的波动消退后，凯特的大脑继续对更深层次的感受进行关联、联系和剥离。突然，她的情绪发生了变化，在她转入另一个感受层面时，我看到她的表情又变了：愧疚。

这时她又产生了一次情绪上的波动，她突然为自己这些年来对待他人，特别是对待未婚夫的方式产生了巨大的愧疚感。但是，随着上一次情绪波动的缓解，她的愧疚感也逐渐消失。

她意识到这不纯粹是她的错。在某种程度上，生活已经对她进行设定——"催眠"了她，让她产生那种感受和行为，在当时她已经是在全力应对了。

我带她做了一个互动想象练习，让她说对不起，不仅在心里说，还要用语言实际表达出来，大声说出来，就好像她真的处于那个场景之下。这个方法总是很有效。

随着被压抑的情感不断得到释放、愧疚感得到缓解，凯特的认识又突飞猛进，上升到了一个新层次。她意识到自己一直感受到并相信"男人不可信"、她"产生被抛弃感和无助感是活该"——生活就是这样将她催眠的，导致她反复寻找能印证这些想法的感情，拒绝那些不能印证这些想法的感情。

但随着面纱被揭开，她现在明白，以后无须再这样做了。

凯特踏上了一次通往其问题核心的旅程，将这些年来一直背负在身上的那些令她情绪激动的观念释放了出来。这就给新想法的形成提供了空间。我很少需要引入自己的想法来帮助、支持客户。事实上，当我们沉浸在某个旧想法及由其引发的情绪中时，这个旧想法自己就会慢慢消解，有时在几个相关问题的帮助下，一个新的、更积极的想法就会开始产生，并取代旧想法的位置。接下来我们就要加强这个新想法。我的工作只是给客户一点点鼓励，稍稍推动他们一下，帮助他们意识到新想法正在形成，进而加快这个进程。

在治疗快结束时，我总是鼓励客户找到某种以"我可以"开头的结语，他们可以将其带走来帮助自己吸收所发生的变化，并在生活中迈步前进。

对凯特来说，这个结语就是"我可以信任值得我信任的男人了"。我并不是想让她公开信任所有人，这会让她变得更脆弱，更容易受虐待；反过来，我也不希望她不信任任何人，因为这意味着她永远不允许自己期待真正的爱情。所以，我要让她的大脑更有辨别力。

整个治疗只持续了一个多小时，几个月后，凯特告诉我，虽然她还是吸引到了几个并不会对她特别好的人，也差不多会跟他们约会，但她现在能迅速地、更清楚地看到危险，所以躲过了"子弹"！

她说这次治疗让她更清楚地意识到该忍受什么和不该忍受什么。她的自尊和自我价值感都提高了许多。她慢慢知道，自己其实是个好人。

凯特的情况在持续改善，但六个月后她又联系了我，向我寻求更多帮助。她和一个人以朋友的关系相处了将近一年，但她从未考虑过和他的关系会超出朋友，部分原因是她认为自己会在某些方面让他失望，"会配不上他"。

"我们之间的障碍越来越大，"凯特说，"不管他说什么，我都不想听！种种迹象都表明，他很爱我，也很体贴，是个善良又有耐心的男人，可是一有人劝我和他在一起，我的脑海里听到的全是'不不不不不不'的尖叫声。"

这种"我不配"正是我在寻找的那个感受，于是，我再一次帮助凯特放松下来，让她走进内心，跟随自己的感受去寻找那些激烈的想法或观念，无论它将她带到何处。我们在之前谈论过的全部细节中发现了答案，但她还尚未充分表达或意识到这个想法。

我经常看到这种情况。人们并非没有意识到他们所经历的事情给他们带来了问题，而是没有意识到这个经历对他们产生的全部情绪影响。我们可能经常会重温客户在治疗中花了数年时间讨论的情景或想法，他们会信誓旦旦地跟我说他们已经战胜了它们，可是它们还在那儿，那些未得到表达、引起他们所有问题的想法、感受和情感，而且多半为层层保护所掩盖。最近我的另外一个客户在进行了一次令他蜕变的治疗后对我说："我以为我们在寻找某种被我压抑或遗忘的东西，但答案就在那里，一直都在，在那显眼的地方躲着。"这就是我为什么认为"隐形观念"这个说法特别贴切。

当我和凯特一起探讨"我不配"这个想法时，我们得到了一次比以前还要深的释放，我知道我们到了一个更深的层面；这不仅仅关乎自我价值与自尊，还关乎凯特作为一个人的终极存在感和权利。在回答我们之前治疗中提出的"为什么没人关心我"的问题时，她想到的答案是"因为我不值得让人关心……如果我父母都不想关心我，那为什么其他人会想关心我呢？肯定是我的原因。是我不配。"

重申一遍，这并不是一次冷静、理性的讨论，这是一次原始情感的极其强烈的释放，当被压抑了一生的情感喷涌而出时，凯特抑制不住地抽泣起来："作为一个人，我不配。"

这就是我在这类治疗中想看到的情绪反应。可以这么说，我感觉我们已经到达了坑底，所以我决定现在要帮凯特重新振作起来。如果在这里就停止，虽然进入核心情感的好处还在，但在这种时刻我们一般会敞开心扉，因此为了能加速治疗进程，我们要利用这个大好时机来引入一些更积极、更有益的想法。

我本可以给她提供一些想法，但我一直以来都希望：如果可能的话，这些想法最好来自客户自己。于是我说道："我想知道这个成年的你，这个坐在这里和我谈话的你，能否回到过去，去找那个小小的你，那个感觉根本没人关心她的小女孩。你能否走近她，看着她那双孩童的眼睛，让她知道你是谁，知道你是来帮她的。这样她就再也不会感觉孤立无援了。"

凯特又流泪了，但这一次是"幸福的"眼泪。

"现在是什么感觉，有人在你身边？"我询问道。我想让她表达出来，但又不想打断这一时刻。

我故意说得含糊其词，这样她就不知道该做那个大人还是孩子，她的思维就极有可能在这两者之间来回切换。可她只是点点头，微微一笑，我能看出她现在正在感受到有人关心的感觉。

她的泪水流淌得更轻柔，情绪也渐渐平复下来，我看到此时的她已经变了一个人。她已经放下了那个给她带来那么多不快乐的旧观念，开始拥有了一个全新的、更积极的信念，即觉得自己值得人关心，因此也值得人爱。

"现在我可以让他爱我了。"当我们温柔地结束治疗时，她轻声地说。我让她再说一遍、再说无数遍，她笑了。"现在我可以让他爱我了。"

几个星期后，在谈及这次治疗时，凯特解释说："我真的感觉脑袋和身体里有个开关关上了，我允许自己认识到这一点：我是个好人，有个善良的人会爱我，我值得他来爱，我不会让他失望。我不再设置那些'可是'之类的保护屏障。我也能活在当下了，更重要的是，我也可以只做我自己。我不确定是否曾得到过可以做自己的'允许'，可是现在，这让我更快乐了！"

通过勇敢地追随自己的感受，凯特真正地面对了她的过去、她自己和她的恐惧，得到了不可估量的成长。她解除了之前的观念对她的催眠，在其下面发现了更真实的想法。她和新男友继续相爱，收获了一段甜蜜、有意义的感情，她和家人的关系也得到了解决，现在她用自己获得的智慧和见识来帮助那些和她有相似经历的人。

创造合适的条件

很多人内心都有一个冲突，它让我们很难为实现愿望创造合适的条件。只有在解决了这个内心冲突之后，我们才能更容易、更放松地迈步向前。这个冲突通常由某个隐形观念产生。回想一下我们前面讲过的两个例子：

依奇治疗前：

爸爸妈妈想让我能自己睡觉。

[与下面冲突]

我没办法自己睡觉，因为我很害怕（我感觉不安全）。

[隐形观念造成压力]

这是一个僵局，只有一个办法能打破它：消除隐藏在下面的一个或多个隐形观念，这样就能解决冲突，让我们能创造合适的条件。

依奇治疗后：

爸爸妈妈想让我能自己睡觉。

我能自己睡觉，因为现在我感觉很安全。

大家都很开心。

为了解决这个冲突，我们必须要来一场冒险之旅，走进依奇的记忆、观念和想象世界，这样她才能真正感到安全。一旦这个冲突得到解决，依奇就成长了，现在她能独自入睡，每个人都很开心。

现在我们来看看凯特。

凯特治疗前：

我想要一段充满爱的感情。

[与下面冲突]

我不信任男人，我不值得人爱。

[隐形观念造成焦虑和不快乐]

我们不能让两个想法并存，因为这样根本行不通，会造成压力、紧张、焦虑及一系列症状和适应行为。

然而，当我们深入研究她的思想、行动、记忆、感受和情感，质疑其背后的各种观念和假设，消除其背后的所有情绪时，我们就会感觉柳暗花明，一下子就找到了解决方法。

凯特治疗后：

我想要一段充满爱的感情。

我可以信任值得信任的男人，感觉自己值得被爱与被尊重。

现在我可以拥有幸福的、甜蜜的爱情。

因此，当我们审视自己的思想、感受和情感时，我们需要找到有意识的愿望与潜意识的感觉和观念之间的所有冲突。一旦能解决这个冲突，新的想法自然就会形成——不用每天上千次来确认这个想法，不过给自己一点点鼓励也是有用的。

去感受，而不是去思考

凯特勇敢直面自己经历的一切，实在了不起。与耗时更长、更传统的治疗相比，这次治疗的结果可能看起来也很了不起，但这种治疗方法其实很平常，因为"去感受，而不是去思考"通常能帮助我们更快、更容易抵达问题的核心。

我们本可以花很长时间来交谈并运用各种策略以解决各种各样的表面症状，但在这种情况下，这些方法都是试图在下行的自动扶梯上向上跑。通过追随感受并在这个层面上下功夫，我们就能拨动开关，带来更深层次的释放。这时那些积极的想法和策略就能产生更大的影响，带来一次整体上更深刻、更持久的转变。

这样一来就可能有这些问题：如何自己做到这些？甚至说，究竟自己能不能做到这些？如果想逃避生活中的限制，最终成为更丰富的人，是否非得去找心理治疗师？一定要回到过去吗？有没有其他方法？难道不应该秉持正念、设定目标并坚持不懈地积极肯定自己，直到实现目标？

根据我的经验，虽然有人带着我们一个个地做这些练习会更轻松、更快，但我的回答是肯定的，可以自己来做，只要我们愿意面对自己的真实感受并追随它，去它带我们去的地方。

我还想说，没必要每次都通过挖掘过去来寻找原因，尽管有时这样做会令我们受益匪浅。如果使用得法，积极的思考、肯定和正念也会是强大的工具，不过这要看我们一心想要改变的是哪些具体问题和领域，以及如何使用它们。稍后我就会解释这些。

现在，让我们再深入了解一下我们如何最终会产生那样的感觉、做出那样的行为，这样我们就会更好地了解在寻求改变时哪个方法最适合我们。

在这一切中我认为有一样东西至关重要，这就是一个被称为"威胁反应"的过程，它几乎影响了我们在一天中产生的每个想法、每个感受和做出的每个行为决定（无论是有意识还是无意识），它也往往是促使自然催眠发生的手段。

威胁反应

当我们的大脑感知到任何一种"威胁"时，一个自动的动物生存系统就会启动。这个系统也被称为"压力反应""警报反应"或"战或逃反应"，可以在短期内被激活以帮助我们应对紧急的威胁或危险。

它会使我们的身体自动进入攻击状态（战斗），并对之后的受伤和修复做出安排；或者让我们进入撤退和跑开状态（逃跑）；或者同时进入两种状态。它能让我们静止不动（冻住），好让攻击者看不见我们；还能让我们变得顺从（讨好），就像狗翻身那样；在极端情况下，它甚至能让我们晕倒（佯装、假装），就像动物假死一样，直到威胁解除。

威胁反应的完整过程是这样的：我们的感官首先将信息发送到大脑中一个叫作杏仁核的部分，如果杏仁核感知到危险或威胁的存在，就会迅速向大脑的另一个部分下丘脑发出警报信号，接着下丘脑会通过自主神经系统与身体其他部分进行交流。我们的自主神经系统由两个部分组成：

1. 交感神经系统：其主要功能是激活一连串的生理变化，使身体准备好应对威胁。
2. 副交感神经系统：其主要作用是一旦威胁解除，就踩下刹车，使身体回到正常的休息状态。

这种生物级联主要包括肾上腺素和皮质醇这两种激素的释放。

肾上腺素可以加快心率（在迷走神经松开制动的协助下）、增高血压并引发我们体内的能量供应的上升。皮质醇（亦称"压力激素"）致使血液中的葡萄糖（用于能量）增加，提高大脑使用这些葡萄糖的能力，并提升一些能修复身体组织的物质的可用性。

皮质醇还能减少或关闭任何对危急的"战或逃"情况来说非必要或有害的系统。这可能包括抑制消化系统（所以说焦虑会导致食欲不振）、抑制生殖系统（所以说压力会导致性方面的问题，包括丧失性欲）和抑制生长过程。换言之，当人们受到攻击时，它会"将所有非必要的力量转移到武器和盾牌上"。

所有这些都是一种奇妙的机制，大大增强了我们在危险情况下的生存机会。问题是，我们的大脑在面临心理威胁（不管是真实的还是想象中的）时，会触发同样的反应——或者至少是其中一部分，其方式与面临物理威胁时的情况完全相同。

比如，最简单地说，愤怒、焦虑和拖延分别是战斗、逃跑和原地不动的表现。听话、总是取悦别人或躲避冲突是讨好的表现。

但威胁反应也可能没这么明显。如果我们感觉在哪方面欠缺什么，威胁反应就会激活欲望，让它出动去获得"它"——不管"它"是什么，从而安抚这种欠缺感。缺钱、缺爱、缺自我价值和缺乏安全感都是强大的驱动力，可能会在我们身上引发一些行为，从而使我们本能地对这种匮乏情况做出补偿或纠正，比如赚钱、寻觅爱情、获得价值感、让自己感到安全等。这些补偿行为和适应行为有时能起奇效，有时则会将人毁于一旦。有时也会两种结果兼而有之，令人感到困惑。

不过，这种"威胁"并不一定总是在当下发生。我们可能会在当下对想象中的、将来可能会发生的某事产生威胁反应，即便我们现在有十足的安全感。我们还有可能对过去已经发生的某事产生威胁反应，这件事已经过去了或已得到解决，但当我们想起它时，它依然会给我们带来痛苦。我们的想象力能使某件事在我们的脑海中浮现，从而激活威胁反应，使我们产生与这件事在当下发生时一模一样的身体上的和生理上的反应。

这些对威胁的反应——无论是身体上的还是心理上的，是真实的还是想象中的，是过去的、现在的还是未来的——以及它们产生的适应性措施和结果，是造成我们许多（若非全部）表面症状的原因。

每当我们以某种方式寻求帮助时（无论是通过与他人互动，还是以自助的形式），通常希望改变的正是这些反应。

然而，重要的是要承认，这种威胁反应是一个自动的、潜意识层面的过程，其激活速度比我们有意识的思考还要快。我们的意识可能需要 500 毫秒（半秒）才能发现我们处于危险之中并开始做出反应，但潜意识通常会在 12 毫秒内激活（快约 40 倍），而如果是巨大的噪声，则只需 5 毫秒（快 100 倍），这就是为什么我们在受到巨大声音惊吓时会本能地跳起来。

由于自动的、潜意识层面的威胁反应比有意识的思考要快，我们的恐惧或焦虑往往会在我们有机会对某个情况进行合乎逻辑的、理性的思考之前就被激活。

这时我们就会感觉自己被分割开来，与体内的某些东西进行斗争，但我们无法控制，因为体内的东西占了上风。

其结果是，到时候我们不仅要应对这个情况本身（在公共场合发言、走到别人面前介绍自己或按时完成一项工作），还要同时应对我们内心的威胁反应，它可能会大喊："让我离开这儿！"

让事情更加复杂的是，威胁反应一启动，就会试图减少理性思考，将血液从大脑前部的逻辑中心引向杏仁核，即大脑中的情绪反应区。其信息非常简单："不要坐着思考该怎么做，要么战斗，要么逃跑。"这可能导致我们的行为有时看起来非常不理智，直到我们所感知到的威胁得以解除，我们才会恢复"正常"，而且往往并不知道刚才发生了什么。

因此，学会减少、管理或消除威胁反应是所有个人转变过程中的一个重要组成部分。

不过，将从感官（或想象力）接收到的信息贴上具有潜在威胁的标签，是由我们对所传入信息的观念，而非信息或情况本身决定的。

对于一个对自己拥有的知识充满信心并渴望表现这些知识以获得某种认证并迈步向前的人来说，参加考试的想法可能是一个非常自然、愉快的过程。但对别人来说，同样的情况可能意味着失败、失望、让别人失望、生活被毁，因此会产生恐惧、压力和焦虑。这就是为什么重要的是理解我们对某种情况的反应，而非情况本身。

我们对某种情况的反应——无论是真实的还是想象中的情况，

是过去、现在还是未来的情况——都会让我们看到我们对某个特定情况所持有的观念。这些观念由我们的生活经历形成，现在作为记忆储存在我们的潜意识中，通过重复和关注来得以维持和加强。

因此，我们可以把生活中那些触发威胁反应的事件作为要寻找的路标、指标或线索，通过跟随感受，我们可以发现我们持有的观念（甚至是那些隐形观念）及造成这些观念的往日的痛苦、创伤或事件。

任何时候，只要我们感受或感觉到任何威胁——真实的或想象中的、身体上的或心理上的，我们内在的安全系统就会进入警戒状态，并开始鼓励我们采取适应性措施来应对这一威胁。大多数人所做的是让自己卷进这些反应和适应性措施中。我们要做的并不是这个，而是要更深入一层，弄清楚为什么会触发这一威胁反应，并找到减弱或消除它的方法。

但这里有一个棘手情况：当我们试图解决个人面对的问题时，这种威胁反应也会启动！它会被激活（尽管有时不易察觉），为的是保护我们，让我们不去思考那些不想思考的东西，或者不去感受那些不想感受的东西，这样就产生了更多的表面症状。

比如，有酗酒问题的人可能会选择酗酒作为自我治疗的手段，从而帮助他们避免感受那些不想感受的东西（逃跑）。但是，如果我们试图拿走他们的"药物"，甚至试图谈论它们，威胁反应可能会在这个层面上启动，接下来他们可能变得愤怒，并且处于防御状态（战斗），这就造成了一组新的症状。

为突破这一点，对于客户，我经常鼓励他们在一段时间内"维持感觉"；如果想要打破处于最深层次的模式，就要学会做这件事。当我们能足够勇敢地面对我们的真实感受时（包括那些产生威胁反应的思想和想法），我们就能走出来，不再需要像以前那样回应、反应或适应。

越是能做到这一点，就越能取得更大的进步。

还要提一点：威胁反应是为帮助我们应对短期危险而存在的，并非为了应对长期危险。如果发生这种情况，比如长期处于压力或焦虑之中，那么那些旨在帮助我们应对紧急威胁的生物过程便开始危害我们，往往会对我们的身体健康产生极为不利的影响。这一点我们将在后面讨论。

原始情感内容

在生活中，我们的过去会给我们带来大量的经历，其中很多是相当情绪化的。我们通常很乐意去想那些好的经历，而不愿去想那些不怎么好的经历，甚至会主动躲避，尽量不去回忆它们，因为它们带给我们的感觉不好。"我不想谈论它！"便是一个经典的例子。

可是，不管它们对我们产生了什么影响，也不管我们因此形成了哪些观念，生活总是源源不断地把一些能反映这些观念的经历带给我们……随着这些经历的出现，我们往往会重温相同或类似的情绪——不同的故事，相同的感受，即那些我们想努力逃避的感觉或情绪。这种状况会一直持续下去，直到有一天，我们终于感受到了一直在逃避的东西，承认我们一直相信的东西，然后打破这个模式，迈步向前。

这种"感受一直在逃避的东西"的感觉就是我所说的"原始情感内容"，即某个记忆或某段经历中未经过滤、未经编辑的那部分情感内容，或者我们一直坚守的某些想法和观念，或者从这些经历中形成的一些想法和观念。我指的不是那些我们可能愿意与朋友交流的或在传统治疗中谈论的正儿八经的内容，而是真正的、原始的、直击心灵的内容。我们几乎总是不敢承认它们，哪怕是对自己，更不用说对他人。

问题是，谁愿意去主动感受最不想感受的东西？谁愿意去感受绝望、孤独、无助、困顿、自我厌恶、无力、脆弱、无防备、恐惧、羞耻、软弱、无足轻重、内疚和无价值等？

如果作为治疗过程的一部分，需要我们这样做，也许是的，我们可能愿意这样做。但在日常生活中，一旦我们开始接近这些感觉，就会有意识地和下意识地去保护自己——我们会进入一个反应或适应模式，即改变思维、感觉或行为方式以躲避它。

这种对原始情感内容的躲避和对观念的躲避影响了我们的思维、感觉和行为方式，造成了一些表面症状，但同时也为我们创造了更多可能会引起这种反应的情况。最终的结果是，我们陷入了一种循环——创造机会来让自己进化和获得自由，但又太害怕、不敢这样做，于是便一次又一次地循环。

如果你感觉尚未弄清这个问题，很想对自己进行一点儿精神上的自虐，一定要注意，这种对感觉的回避往往是一个潜意识中的过程，是由威胁反应引起的。不过，我们也可以学习有意识地控制这个过程，这一点我们将在本书的第二章进行探讨。

现在要明白的是：观念、表面症状和威胁反应是密不可分的，对这一点的理解对加速个人发展和摆脱限制至关重要。

习惯、条件作用与赫布型学习

虽然那些我们力图改变的生活中的许多情绪状况是由威胁反应引起的，但我们也要注意到其他因素在形成我们希望打破的所有习惯或行为方面的作用。

我的伴侣艾莉森经营着一家烘焙企业，有一段时间我们在家里储存了大量的原料。我们有的可不仅仅是一袋袋的面粉、糖和巧克力豆，而是一大包一大包。

我记得有一天我发现我儿子抓了一把巧克力豆，我本能地叫了一声"喂"，准备把他训一顿。这时我意识到这样做有点虚伪，因为我也时不时地抓上一把，于是便转而叫道"巧克力税"，并伸出了手。

他过了一会儿才明白过来，然后他把几颗巧克力豆丢到我手里就走开了。同样的事情后来又发生了，片刻之后，他甚至来找我，向我交他的"税"！

我已经习惯了这种事，我儿子一进厨房，我就会问他要几颗巧克力豆，而我一进厨房，也会拿上几颗。到最后，我一进厨房就会想到要有几颗巧克力豆。我已经养成了吃巧克力豆的习惯，这跟我家厨房有关！

我们的大脑中有一种现象，被称为"赫布型学习"（Hebbian Learning）。它由神经科学家唐纳德·赫布在 1949 年提出，通常被简化为"一些一起启动、一起布线的神经元"，尽管它实际上比这稍微复杂一些。

对本书而言，我们只需了解：每当我们重复做某件事时，大脑就会形成神经通路，每次我们使用这些通路都会让它们变得更加成熟，就像我们在树林里经常走的一条熟路。反之，每当我们不使用现有的通路，大脑就会让它们减弱，这样它们就会变得杂草丛生，难以辨认。反复使用会使它们加强，久不使用则会削弱它们，就像肌肉一样。

"实践出真知"便是一个很实际的例子，尽管我更喜欢"实践出永恒"（这意味着我们需要谨慎对待我们所操练的东西）。

不过，重要的是要理解，重复不仅能形成更强大的神经通路，如果类似的神经通路在类似的时间点上启动，它们可以相互加强或一同"启动"。这样做的效果便是，两个独立的行为，比如走进我家厨房和吃巧克力豆，就联系在一起或"一起布线"；它们的启动也产生了关系：如果一个启动，另一个也会启动，这种连接也会成为一条为我们所熟悉的通路。一件事会触发另一件事，我们就有了一个条件作用下的反应或习惯。

当我做 A 时，我就在做 B。

我们可以将此应用于生活中几乎所有的重复性动作——吃饭、抽烟和喝酒就是很鲜明的例子，但似乎我们的大脑在情绪反应方面也会形成这些通路，因此，情绪反应（包括威胁反应）也会成为一条熟悉的通路。事实上，使用得越多，大脑在启动各种反应时越会高效。

当我们试图改变它时，会发生一些很有趣的事情。有一天我走进厨房，发现巧克力豆不在了（嗯，有人发现了），我觉得好像"少了什么"。这种"少了什么"的感觉令我感到不安，觉得"有什么不对"，这再次引发了轻微的威胁反应。

如果我让自己将注意力集中在这种不安的感觉上，就不得不去找一些东西来代替我认为少了的东西（这里就是指巧克力豆），以便能重新平静下来。一开始我正是这样做的：在橱柜里翻来翻去。但是，当我认识到发生了什么并决定与这种感觉共处片刻，而不是对它做出反应时，我就能够在致病层面上解决这个问题，从而关闭威胁反应，在几天内打破这种关联和条件作用。

由于这两条神经通路不再一起启动，[⊖]这条通路变得无人问津、杂草丛生；关联消失了，习惯性的行为也随之消失。

那些我们想改掉的习惯也是如此。如果我们试图停止做某事或开始做另外一件事，就会有一种"少了什么"的感觉，就会产生恢复正常的欲望，好让自己放松下来——吃那个东西、赴那次约会、喝那瓶酒、吸那支烟、打败那个竞争对手，无论它是什么。

> 当我在做 A 时，我就在做 B。
>
> 当我感到 X 时，我就在做 Y。
>
> 如果不这样做……我就会感到有压力（威胁反应）。

即使威胁反应可能并未真正造成我们生活中的某个习惯性行为或问题，当我们力求做出改变时也必须意识到它，否则它将使这种改变更加困难。

稍后我们也会讨论如何做到这一点，但在这个条件作用过程中我们还需注意一种情况：在成长过程中，我们会模仿身边的人。

在我们性格形成的那些年及其后，生活中那些对我们产生影响的人会告诉我们如何做人、做事，并示范给我们看。只要我们接受他们的方式和他们（用语言或行动）教给我们的东西，自然催眠就会发生，通过重复，我们就会让自己适应，和他们一样。这就形成了我们的性格和行为方式。

> 当这种情况发生时，我应该这样做。
>
> 当那种情况发生时，我就应该那样做。

但我们就不能告诉自己可以不这样做吗？

⊖ 这句话是我从杰夫·科尔文（Geoffrey Colvin）的《哪来的天才？》（*Talent Is Overrated*）一书中学到的。

是肯定还是谎言？

如果你曾读过任何与"积极思维"略微沾边的东西，就会遇到"肯定"（affirmations）这一概念。它们是一些词语或短语，我们应该默念它们来帮助我们改变自己的想法、感觉或行为。

我喜欢让客户和自己使用这些词语，不过我更喜欢"真言"（mantra）这个词，意思是"心灵的工具"（不管怎么说，我选择相信这个定义）。

问题是，许多积极的肯定并未真正起到积极的肯定作用，相反，它们其实是在制造一种内在冲突，造成了消极、有害的影响，而非积极影响。

让我们用依奇和凯特这两个之前谈到过的案例来说明这一点，你会看到她俩最终能够接受的观念实际上就是肯定或真言的范例。

更直接的自救式方法是让依奇或凯特从一开始就思考她们想要什么。对依奇来说，她想要的是能自己睡觉（至少这是她爸爸妈妈对她的要求）；而对凯特来说，她想要的则是甜蜜、快乐的爱情。接下来，她们就会默念这些话，或者把它们写在镜子上或贴在冰箱上，什么地方都行，以便提醒她们。

> 我现在可以自己睡觉了。
>
> 我现在可以拥有甜蜜、快乐的爱情了。

如果这些话能让我们产生所需要的感觉或情绪，那么这个方法可能是有用的。但很多时候，若我们操之过急，而不注意那些造成我们的问题的潜在观念，这个过程实际上就可能产生有害影响。它可能会让我们感到泄气，因为它"没起作用"，我们和之前并没有什么不同，更糟糕的是，它可能会通过制造内部冲突而加重最初的症状，这可能会引发威胁反应，导致一系列进一步的适应行为。

让我们来看看到目前为止的两个例子：

> 典型的肯定：我现在可以自己睡觉了。
>
> 内心原始反应：不，我不能！因为我可能会被杀死或被绑架，所以我要哭，并坚持要爸爸妈妈留下来陪我。

> 典型的肯定：我现在可以拥有甜蜜、快乐的爱情。
>
> 内心原始反应：不，我不能！因为我不能信任男人，甚至不配去信任男人，所以我要和那些虐待我的男人在一起，对那些对我好的男人要表现得很凶。

如果一开始就要求依奇或凯特默念这些"积极"的肯定性话语，那么她们可能会有意识地、理智地做出这些陈述，而在潜意识中和情感上抵制它们。这很可能加剧她们的症状，因为这些肯定性话语直接与其观念相抗拒，造成了冲突，而且无论多么强大的意志力或多么持久的坚持都无法改变这一点。

如果以正确的方式使用，肯定性话语和真言可以产生令人难以置信的力量，但就目前而言，如果我们在默念那些肯定性话语或真言时内心实际上感到某种焦虑，那就最好能探究一下那些造成焦虑的观念，这对我们更有用，然后再针对它们创造一些积极的想法，而不是盲目地默念更具表面性的肯定性话语或真言。所有涉及类似过程的技巧也都如此。

这就是为什么分清症状和原因是如此重要。如果我们想出了旨在解决表面症状的肯定性话语和积极的真言，可能会得到一些暂时的好处或缓解，但当我们与僵尸或较弱的恶棍战斗时，可能不知不觉中激怒了这一切背后的僵尸之王或恶棍大王，而我们尚没有能力对付它。

如果能够了解原因（这里指的是观念），并用语言表达出来以帮助我们释放任何激动的情绪，然后针对这个原因创造出积极的肯定性话语和真言，那么我们就可以对准目标给予有力一击，并开始感受到变化。如果我们能利用自然催眠这样的状态来加强这一过程，效果会尤其明显。

问题是，虽然大多数人都非常热衷于解决症状，都会说："太好了，告诉我该怎么做，这样我就可以开始了。"但他们在心里往往对应对，甚至承认真正的原因有强烈的抗拒。这正是自救可能很困难、治疗可能需要很长时间的另一个原因。如前所述，我们太善于回避自己不想感受到的东西了！

> 如果想要在生活中的任何领域进行真正的、深刻的、持久的转变，就要停止逃避那些感受，不再试图避躲那些不想感受的东西，而让自己诚实地承认内心真正的想法和感受，并对其原因做出应对。

抗拒是徒劳的

在治疗过程中，只要客户避免谈论某个问题或面对某件事，我们就可以说他们在"抗拒"。刚一开始就遇到这种情况会让人感到很沮丧。在自救式治疗和很多谈话治疗中，抗拒是极其常见的——我们可是这方面的专家！但是，如果这种抗拒持续下去，实际上就会妨碍我们做出获得更强烈的幸福感所需的改变。

我记得美国催眠师吉尔·博伊恩曾经说过："如果你说客户在抗拒，那你就是在偷他们的钱。"每当我遇到似乎是抗拒的情形时，总是会回想起这句话。如果不能怪客户，那么一定有什么是我可以做的！所以只要客户开始抗拒，我就开始对其进行实验。

我并未试图绕过客户的抗拒，或者强迫客户积极起来，而是开始关注这种抗拒本身。我发现，一旦我完全理解它的工作原理，以及它为什么会出现并让门锁上，那么这个似乎把门锁上的机制其实正是打开门的那把钥匙。

抗拒就是那个将真实自我锁起来的东西，因此，任何试图逃避应对抗拒的做法最终都是徒劳的。我们可以拖延，但不能逃避，因为在这种奇妙方式的作用下，生活或我们的大脑（或两者同时）会找到一种手段，不断向我们呈现似乎阻碍通往幸福之路的"锁门"体验。

我们通常的反应是先去猛敲、踢打或撼动这扇门，如果它依然关闭，就去寻求另一条通道——如果想在经历这些之后得到发展，这个办法最终也是徒劳的。我们要认识到，如果能暂停下来，应对抗拒本身，那么往往可以打开门锁，跨过这扇门，而且永远不会再遇到这种问题。或者，我们也可以望着那扇现在已经打开的门，这样想："其实，它现在看来并不那么吸引人。"然后，我们冷静地走开，去找一个不同的、更好的方案。

无论怎样，认识抗拒、追踪抗拒、理解抗拒和应对抗拒背后的想法的能力，是开启真正的自我、真实的自我和使生活更美好的关键因素。

一切抗拒都是恐惧

请记住这一点：一切抗拒都是恐惧。另一个经典的例子是，当我们说"我不知道"时，其实我们知道，但不想说。那些我们最想躲避的领域通常都是最需要解决的领域，我们要在合适的时间和合适的场合以合适的方式进入这些领域。

如果此刻你已迫不及待地想开始了，我完全理解，但我们要确定你并非既想治病又不愿意吃药！在第二章中，我将带领你逐步完成一系列旨在温和处理所有这些问题的练习，但请记住：我们可能要在两个层面上处理威胁反应。

第一个层面将会产生原始的表面症状和问题，第二个层面——如果出现的话——将会产生对解决这些表面症状和问题的抗拒。

一切抗拒都是恐惧。但我们害怕什么呢？很简单，我们害怕去感受不想感受的东西。如果要在最深的层次上解决自己的问题，就必须超越那些让我们逃避感受的恐惧，去面对内心的真实感受和情感，以及背后那些支撑它们的想法。

只要能做到这一点——有时只需停下来较长的时间来了解真正发生的事情，你就能立刻削弱它。这样一来，你就能自然而然地开始对自己进行解除设定或解除催眠，让更积极的想法取而代之。

这就是我对依奇所做的：让她说出并表达出对被杀害或被绑架的恐惧的想法。我对凯特也是这样做的：她认为自己是一个完全没有价值的人，甚至她的父母在她需要的时候都不支持她，我让她表达出了对这些的恐惧。在这两个案例中，我都帮助她们正视那些为了保护自己而一直在逃避的感受，帮助她们超越这种感受，找到更有用、更有益的想法。

我相信，最深层次的转变与其说是"做什么"，不如说是"不做什么"。要让某个我们已经不知不觉地、潜意识地执行了一段时间（通常是很多年）的旧想法最终被公开接受检查，这样我们就能感受到一直在逃避的感觉，并最终摆脱它，继续生活。

任何不愿面对这一想法或抗拒的态度都源于恐惧，我们很多（甚至全部）不健全的想法、感觉和行为都无非在试图保护我们自己，不让我们去面对真实的感受。

那个本应保护我们、让我们不受生活侵袭的系统最后却让我们躲避自我，并最终令我们裹足不前。

在我看来，任何个人的进化都意味着直面所有目前不想感受到的东西，这样我们就不必再做出适应性反应（即我所说的表面症状），而是可以更真实。

每当我们这样做，我们就会让更真实的自我——真正的你——浮出水面。

批判思维，大脑的守门人

你是否遇到过这样的人，他的问题的答案在你看来是如此明显，但无论你说什么或做什么，他就是看不到或接受不了？你是否曾经试图告诉自己一些积极的东西，但由于某种原因，自己就是听不进去？你是否曾注意到，有些人更容易接受他人说的一些消极的事情，但却对所有积极的话置之不理？

这么说吧。最近，我女儿和一个朋友想进入一家夜总会，却被拒之门外，因为我女儿穿着运动裤，而这家夜总会那天晚上不允许这种打扮的人进入。她和她的朋友决心想个办法，便走了一小段路，直到俱乐部的保安看不到她们，然后用我女儿朋友的外套做了一条临时的裙子。我女儿穿上她的新"裙子"，和她的朋友又走回俱乐部，想碰碰运气。

"啊，你换衣服了！"保安微笑着说，一边引导她们进去，一边在路上跟她们友好地闲聊。

同一个人，刚才不让进，现在却让进了，只是因为衣着略有不同。这就是我们在寻求将新的、更积极的想法引入大脑时必须经常做的事情。给它们换个包装，或者干脆改变门禁政策，放它们进去！

每当我们试图引入新的想法以解决某个问题或带来变化和转变时，我们就必须要越过自己的保护系统，有时我把它称为"批判思维，大脑的守门人"。

如果我们试图引入一个与现有观念或身份相悖的想法，我们的批判思维不仅会拒绝其进入，而且可能会触发威胁反应来保护我们不受这个新想法影响，之后我们便会出现症状或产生抗拒。

很多人在遵循自救建议或希望通过任何形式的干预进行改变时都会遇到这种情况。在试图做出改变的过程中，我们会遇到批判思维，因而产生抗拒情绪，它会阻挡我们的道路，就像夜总会的保安一样。

在现实中，我们是老板，门禁政策是我们制定的，由我们自己的批判思维来为我们操作，但现在我们被关在自己的地盘外，回不去了。如果直接对付"保安"，它们可能认不出我们是谁，所以会反击，把我们赶出去。但是，如果我们能走进去一段路，与"经理"聊一聊，就可以重新获得控制权，把事情摆平。

年轻的时候，我们几乎毫无批判思维。如果某个权威人物告诉我们一些事情，无论是直接用语言表达还是用行为来暗示，都没有守门人来告诉我们是否应该接受它。这个想法便会成为我们自己的一部分。

我们之所以会对自己和生活持有很多恐惧、焦虑、疑虑和限制性想法，正是因为它们在我们年轻时躲过了批判思维或被许可进入，因为我们没有理由来质疑这些想法。

"你太蠢了!"

"是吗? 好吧, 我很蠢。"

只要我们接受了某个想法, 不去质疑它, 就可以说发生了某种形式的自然催眠。有一个对催眠下的定义指出: 要发生催眠, 批判思维必须减弱。

当我们年轻时, 批判思维几乎还未形成, 所以几乎任何想法都可以进入我们的大脑, 并在那里扎根。随着我们不断成长, 批判思维变得更强, 我们也变得更有辨别力, 但是对于所有已经在我们大脑里的想法而言, 只要进来了, 就会成为门禁政策的一部分, 会影响之后的想法, 吸引更多相同的想法进来。

如果我在还是孩子的时候认为"我很蠢", 那么任何反映这种想法的东西都能被放进来, 而任何不符合这种想法的东西都会被拒之门外。这种情况往往贯穿整个成年时期——既是有意识的, 也是潜意识的, 直到我们开始质疑这个过程。

很多人在寻求催眠治疗时, 要求催眠治疗师"对他们的潜意识重新编程", 但他们真正要求的是帮助他们削弱或绕过其批判思维, 以便放入他们更喜欢的想法。

好的治疗师或催眠治疗师可以促成这一点, 但重要的是要意识到, 这种改变来自客户本身。一切催眠实际上都是自我催眠。

不管是谁、是什么致使我们思考或感受到什么, 进而又使我们相信什么, 产生自然催眠的是我们对这个想法的关注和接受, 是不去对它质疑。

转移某些人的批判思维比其他人容易得多, 舞台上的催眠表演者在观众中寻找的正是这些人。这些人可以暂时放下分析性思维,专注于一个想法，将所有其他想法全部排除，他们极其专心致志，以至于想象力占了上风，开始感觉这个想法是真实的。

但对于大多数成年人来说，我们的批判思维会检查传入的信息，看其是否与我们当前的观念相一致。如果不一致，我们就会设法拒绝它，这就是为什么我们经常会回到自动扶梯的底部，会感到沮丧和厌烦，因为我们为改变而做出的尝试又"不起作用"了。

我希望你能意识到这一点：这个过程几乎每时每刻都在运转，我们不断进出于我所说的"进入"状态，这种状态下会发生自然催眠，我们会不断地自言自语。当我们试图引入某些为批判思维和大脑守门人所反对的想法时，在某种程度上我们会排斥这些想法，也就不会有任何改变。但是，如果某个想法（包括消极的自我对话）符合我们的观念，它就可以不受质疑，大胆地绕过批判思维，进入我们的潜意识，并反复肯定那里的想法，即使它们对我们有消极影响。

稍后我们将讨论如何防止出现这种情况，创造出真正有效的积极真言。但现在我希望你能理解，为什么明明想对自己说一些积极的话，却可能会遇到阻力。批判思维就是你脑海中的那个小声音、你身体中的那种感觉，它在说："你在跟谁开玩笑？"

我经常在与客户刚见面时跟他们聊很久，其中一个原因便是，我想了解他们的观念，即他们的门禁政策，以便可以得到邀请进去开会，而不是被锁在外面与保安混战。

现在，我们只要注意到，要想以这种方式引入新的想法，可能必须重新包装它们，就像我的女儿曾想方设法混进夜总会一样。或者，更好的做法是，可以挖得更深一点，更新俱乐部本身的门禁政策（即我们的观念），这样批判思维就会对新想法很满意。

图书管理员、猴子和压力

现在让我们做一个简单的回顾，总结一下到目前为止我们所讨论的一切，并把它们与该如何做出预想中的改变联系起来。

在生活中，我们通过感官接收信息，并赋予这些信息意义，将其作为有意义的记忆储存在我们的潜意识中，就像在庞大的图书馆中储存书籍那样。

这些记忆中有些有着非常积极的意义，有些很中性，还有一些则非常消极，每一种类型中又有着无穷无尽的细分。每当这些经历引入一些想法，我们就会关注并接受这些想法，不去质疑它们，这时就会发生一个自然催眠的过程，对我们之后的思想、感觉和行为方式进行设定。

如图 1-4 所示，每当我们收到更多信息时（1），我们的大脑就会像"内部图书管理员"一样在内部进行扫描，确定这些新信息可能意味着什么，以及预期会发生什么（2），这样我们就会知道应该怎么做。不过，这个内部图书管理员似乎很难辨别哪些信息来自外部感官世界，哪些来自内部想象世界。

但是，我们这位内部图书管理员并不会每次都扫描这些新信息，也不会扫描每一个记忆，那样有点儿低效。相反，大脑里有一个方便的可供参考的部分，我们称之为观念。我们的观念就像是对我们迄今为止所知道的事情的总结，是在我们对事件的解释和之前发生的自然催眠的基础上形成的。

如果我们的观念告诉内部图书管理员，这个新传进来的信息没问题，一切都很好且都很清楚（3a），我们就会感到平静、放松、正常甚至会感觉很好（4a）。然而，如果我们的观念表明有任何潜在的威胁（3b），内部图书管理员就会向我们的内部安全系统发送一个信息，激活威胁反应，我们便会迅速准备采取行动。

这种安全系统有时会被形容为像猴子一样，因为这种反应具有原始性，是情感上的，并不符合逻辑。一旦被激活，它就开始影响我们的思想、感觉和行为方式，让我们为应对威胁而做出选择，并采取行动。这种威胁可能是真实的或想象中的，也可能是身体上的或心理上的。接下来，我们会体验到经过调整的思想、感觉和行为，它们表现为一些症状或问题，可能会在我们的生活中造成不良的、紧张的结果（4b），并一直持续到我们所感知到的或想象中的威胁被解除。

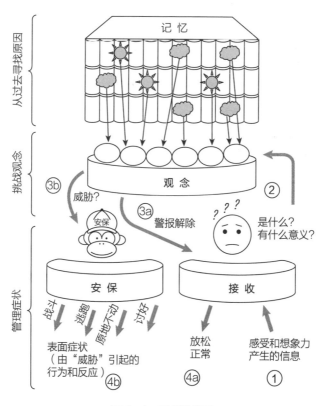

图 1-4　图书馆模型

按照这个图书馆模型，为了做出改变，我们可以专注于三个主要方面：

- 管理由内部安全反应引起的症状。
- 挑战引发这些症状的观念和想法。
- 通过自然催眠重塑形成这些观念的记忆和储存的信息。

一切治疗或自救都属于这三类中的一个或多个。任何时候，只要我们以这些方式中的一个或多个成功地解决我们的问题，就可以体验到积极的变化。

不过，管理症状可能是一项持续的任务，就像面对僵尸电影中那些源源不断冒出的僵尸或总是不断冒出水、永远拖不完的地一样。挖掘潜藏的观念和/或记忆会产生更深、更持久的结果，因为我们会有效地对自己解除催眠，使自己摆脱一直以来的想法和感觉，就像打败僵尸大王、拔掉插头、关掉水龙头一样。

不过，我们要进行一个挑战。为了寻找根本原因，我们往往不得不面对我们不愿面对的事情，而这本身就会触发我们的安全反应，往往会使我们躲避或抗拒这最后一步。我们也可以不这样做，而是重新尝试向自己灌输积极的想法，但这往往也会引发安全反应。

我们甚至可以试着彻底逃避问题的来源。可是，我们似乎总会不知不觉中找到这些问题，要么就是生活以某种方式把它们扔给我们，逼迫我们面对它们。无论发生什么，如果我们希望得到进化，成为更好、更快乐的自己，最终就必须面对任何阻碍我们发展的想法，并解决所有的内部冲突。

不过，好消息是，不用害怕。虽然一开始可能看起来很困难，但恐惧的另一面是自由，而这正是我们要去的地方。

最终会起作用的缺失成分

在我看来，任何一个成长或改变阶段都需要我们将自己的努力与和他人的互动相结合。虽然我们自己可以做很多事情，但有时我们就是会需要他人，与之互动，让那些我们看不见的想法和观念显露出来。这些想法和观念之所以看不见，主要是因为我们会以某种方式来保护自己，不去看见它们。

最近我和一位女士聊起减肥，她突然承认，在她的大脑中，进入她嘴里的东西和进入她身体的东西之间是脱节的。

"在我的大脑中，食物不会超过这里，"她一边说着，一边把手放在喉咙的位置，"好像我就是看不到或不承认食物会往下走。"

当我让她就这一点再说一些，并不停地向她提问时，恐惧和羞耻感都出现了。无论是在日常行为中还是在自我治疗中，她一直在躲避、不想去感受的正是这种恐惧和羞耻感。

有时我们只是需要有人能帮助我们注意到这些事情，或者帮助我们打破观念对我们的限制及由这些观念产生的那些"战或逃"的适应行为对我们的限制。

在我看来，最终能使自救起作用的缺失成分是……**有时我们需要别人的帮助！这样做没问题！**

我经常注意到，我在培训课程上随口表达的这点让很多人松了一口气，因为他们放下了在读完某本书后发现自己未被"修复"的愧疚感。

有时我们只是需要与某个人互动，他/她可以让我们看见自己，或者帮助我们进入那些更深的层次。这个人可能是位收费的专业人士、一个值得信赖的朋友或能与我们进行有意义的交流的任何人。有时，只要我们愿意直面自己的感受，和他们进行那些艰难的对话，那么就连一个很难对付的"敌人"也可以成为我们需要的触发器。但不管它以何种方式发生，我们往往需要用人与人之间的这种互动来触发威胁反应，从而使不可见的东西变得可见，让潜藏的恐惧或不安浮出水面，这样我们就能想办法解决。

要想解决个人的问题、改变我们的生活，是否总是要进行如此深入的探究和质疑，方能取得进展？

绝非如此。

有没有其他方法——甚至是一些我们自己就可以做的事情——也能起作用？

当然有。但这一切都取决于我们正在力求实现的目标，以及为实现这一目标，我们需要在哪个层面上做出改变。

随着本书的深入，我们将探讨在哪些领域你可以自己努力，在哪些领域你可能需要帮助，并进一步举例说明该如何有意识地为自己的积极变化创造条件。但是，我不想把这些问题看作是亟待解决的烦人的难题，这样你才能迈步向前；我想提出一个个人蜕变方面的新愿景，一种思维方式，它为我们整个物种展现出更广阔的图景，因此也更切合目标。

个人蜕变的新愿景

如果我们想从超重变成苗条并保持苗条，就必须有所改变；如果我们想从自我破坏和失败走向成功，就必须有所改变；如果我们想让棘手的关系变成充满爱的关系，就必须有所改变；如果我们想从压力和焦虑中获得平静和自信，就必须有所改变；如果我们想从低自我价值和低自尊转变为感觉受重视、有价值，并保留这种感觉，就必须有所改变。这些都是我近三十年来一直在帮助人们解决的各种问题。如果我们想从某种状态进入另一种状态并保持住，就必须有所改变——通常是使我们的观念系统发生根本性扭转。

在我们的观念系统发生根本性扭转后，我们会有不同的想法、产生不同的感受，它们会让我们做出不同的选择、创造出不同的行为——所有这些都会带来更理想的结果和成果。

没有什么能让我们变成另外一个人，但通过这种方式克服生活中的挑战，作为一个人，我们肯定会进化，并且会变得更丰富。

因此，我们要问的不是"怎样才能解决这个问题或让这个问题消失"，而是下面这些问题：

- 要成为什么样的人，才能从某个状态中进化，使之不再是我生活中的一个模式？
- 那个进化后的我看起来什么样？感觉如何？
- 进化后的我应秉持哪些观念，好让我现在就可以开始采用并将其融入自身？
- 我需要放下什么旧身份，好让进化后的身份取而代之？
- 我必须正视哪些恐惧？
- 我必须最终承认自己身上的哪些积极属性，并让它们成为我给世界的礼物？
- 我能做什么？
- 我在哪些地方可能需要帮助？
- 为了让我真正地生活并热爱我的生活，我需要做什么？

本书的其余部分旨在帮助你找到这些问题的答案。无论是需要几年、几个月、几周、几天、几小时、几分钟还是几秒钟，你都可以摆脱生活中的恐惧和你所感知到的限制。你可以最终释放出真正的你，成为你生来就该成为的人。

第二章

E.S.C.A.P.E. 法

什么是 E. S. C. A. P. E. 法?

E. S. C. A. P. E. 法是一套思维练习、问题和回答，如果你能诚实、坚持不懈地遵循它，它可以帮助你改变现状，实现目标。

每个字母都是一把钥匙，将为你打开更丰富的"真正的你"，并带领你一步步靠近更轻松、更自由的感觉，减轻生活中的负担。这几个关键点是：

足够（Enoughness）

安全（Safeness）

控制（Control）

接受（Acceptance）

快乐（Pleasure）

开悟（En-lightenment）

但是，由于前面解释过的那些原因，靠自己来做这些并不总是很容易。你可能有时会抗拒；你可能会觉得有时会失败；你可能会发现自己有时会回到自动扶梯的底部，而通向扶梯尽头的路还很漫长。所有这些都是正常的，是意料之中的。这就是生活。这就是个人蜕变的本质。

不过，我绝对可以百分之百地保证和承诺：如果你能坚持不懈并愿意做需要你做的事，那么你所期盼的在个人、情感和行为方面的更理想的环境和转变就在那里等着你……尽管实现它们的方法和它们到来时的形式可能并不总是像你现在所想象的那样。

当你踏上这个旅程时，你需要放下心中对它的一切期望，让它为你徐徐展开。记住，重要的不是这个旅程或这个目的地，而是你在途中会成为什么样的人，这将给你带来更大的幸福。这是一个终身的过程，有很多阶段，充满了曲折，而且往往在我们最意想不到的时候出现。

还要记住，每个挑战或问题都是一个变相的机会，一个认识到恐惧、识别限制性观念的机会，这样我们才能超越它并得以进化，最终成为更好的人。

现在，你可能希望改变生活中的某些领域，即便你并不确定它们到底是什么。其中一些可能是"外部"的，与具体的情况或环境有关；另一些则更多的是"内在欲望"，与你的想法或感觉有关。无论是哪种情况，你都有想改变它们的原因——有些东西你不想再感受，而有些东西你更希望能感受到。你渴望发生的改变正是实现这一目标的手段。其中一些改变可能是经过深思熟虑的；另一些可能是由前面讨论过的威胁反应引发的绝望行为。

一心一意、专心致志可以在很大程度上帮助我们实现目标，但也要牢记这句话：

> 永远不要对你想要的东西太过肯定，以至于你不愿意接受更好的东西。

当你开始这段旅程时，有可能会感觉孤身一人——自己在阅读这些页面上的文字，自己在尽可能地应用这些练习。但是，你可以想象有一个声音与你同在，它在帮助你、指导你、鼓励你、支持你、安慰你。你可以把那个声音想象成已经完成了这一旅程的你，他/她现在正将鼓励和线索带回来，告诉你如何能获得同等程度的成功、幸福和满足，以及如何能拥有你的未来。

除了那个内心的声音，你有时也可能需要外界的帮助。这很正常！这种帮助可能有很多形式：值得信赖的朋友、E. S. C. A. P. E. 法、收费的专业人士，或者仅仅是"生活"本身——它给你创造条件，迫使你去正视一些事情。你将会看到，有些时候，我们只是需要别人或别的什么事情来促使我们探讨一下自己的想法，或者让我们停下脚步，从而确保自己在关注。尤其值得一提的是，我们可以在某些时候寻求自己的潜意识的帮助，我也会告诉你如何做到这一点。

未来的你已经在你身上，他/她其实与现在的你并没有什么不同。与其说这个过程是要把你变成什么样，不如说是要让你保持现在的样子，只不过需要你释放出那个"真正的你"，那个直到现在还隐藏在一层层的恐惧和限制之下的人。

这就是为什么我称之为 E. S. C. A. P. E. 法——应用下面的练习和原则将有助于将你从恐惧和限制对你的催眠中解救出来（这些恐惧和限制实际上已经将你囚禁在某些领域），并助你逃脱，这样你就能最终释放出"真正的你"，获得自由。

你需要什么？

你需要的主要是直面事情的简单意愿，之后其他一切都会自己解决。但你也可以使用一些实用的辅助工具。

日记

我建议你给自己买一个漂亮的日记本，当你拿起它时会感觉是件很特别的东西，很珍贵。不用很贵，但要引人注目，或者对你有某种意义。

笔

我还建议你买一支漂亮的笔来用。同样，它也不用很贵，只是在你每次拿起它时对你有一点额外的意义，它象征着与你希望实现的目标之间的关联。

时间

你需要留出时间来做其中一些练习。对有些人来说，每天只需几分钟就够了。随着练习的不断进行，你可能需要留出更长的时间来做一些更详细的练习，比如十五分钟到二十分钟，甚至一个小时左右。

做这些并没有固定的时间，只要是最适合你的就行。最好你能找到一个安静祥和的时刻来思考我们所提出的想法。有些人喜欢早上，有些人喜欢晚上，有些人则宁愿等到周末。这些都是可以的，没有规则，也没有时间限制或时间压力。

空间

实际上，很多练习都是在日常生活环境中进行的，但对于那些更有条理的练习，你会发现，如果能找到一个安静祥和的地方会更有益，因为这样的条件最适合自我反省。

你不需要为此花大力气，只需找一个不会被打扰的地方，让自己放松一会儿。最好是一个安静的地方，不受任何干扰，这样当想法产生时，你就能注意到它们。

支持

根据你想改变的生活领域的不同，你可能需要周围人的支持，包括家人和朋友的支持。有时，你是为了得到鼓励；有时，你可能只是需要提醒他们，你正在经历一些事情，让他们暂时放你一马。

这并不意味着我们可以随意把身边的人当作情绪的出气筒，相反，我们应当把他们看作我们可以勇敢地对其表达自己的恐惧的人。你将会看到，一旦我们明确了有哪些恐惧，需要做的往往就是将其表达出来。

同样地，你的 E. S. C. A. P. E. 伙伴（我一会儿会解释）在这里也可能派上用场。

休息和恢复

不能强迫自己做练习，你需要加入休息期和恢复期。如果发现自己在练习时感到挣扎或吃力，那就走开，休息一下，睡一觉。此时我们的大脑已经超负荷了，需要休息一段时间，把有用的东西归档，把没用的东西丢掉。

这并非让你在下行的自动扶梯上向上跑，而是要阻止扶梯向下行，把它变成一台上行的自动扶梯。休息和恢复对这一点至关重要。

耐心

我们中的很多人即使想做出改变，也都迟迟不肯行动，但当我们终于决定去做的时候，却希望现在就能完成！

有时可以这样，这会推动我们前进；但有时候，我们可能需要一些耐心，让事情归位。根据我的经验，个人成长涉及活动期及之后的整合期和同化期，在这个过程中，我们可能需要特别有耐心。

只要能分辨出忍耐和逃避，我们就完全可以让事情暂时归位。但是，如果感觉到自己在逃避，我们就应该立刻直面恐惧并采取行动。

找个 E.S.C.A.P.E. 伙伴

所有这些练习都是为你设计并让你独自完成的，但有时你可能会发现，你需要某个自己信赖的朋友或家人来助你一臂之力。你可以和他们交流一下你的想法，或者让他们向你提出某些问题，这会很有帮助。

最关键的是，你必须选择一个自己信任的人，这个人对你很好，也很支持你，但同时要记住，千万不能把他们变成你的治疗师，这样会改变你们之间的友谊或关系的平衡。最理想的是和一个也有兴趣经历这个过程的人结成伙伴，这样当你们交换角色时，你们就会保持关系的平衡。

如果你决定找一个 E.S.C.A.P.E. 伙伴，一定要让你们的角色分离，这很重要。大多数人觉得这很难，因为一旦有人开始说话，他们就会立即把它与自己联系起来，也想谈论自己或给出建议。在谈话中，这样做很好；但在这个过程中，这绝对不可以。

如果你在别人面前扮演"伙伴"的角色，那么谈话应该集中在这个人身上，而不是双向讨论。然后，当轮到你接受帮助时，谈话应以你为中心。

此外，作为一个"伙伴"，提供建议或解决问题并非你的工作。你的任务是帮助那个和你一样的逃避者收集信息，所以你的主要角色是注意对方有哪些话没说完，并提出一些我称之为"流动的问题"（如下文所述），从而保持信息的流畅。

欲言又止

有一天，我突然注意到客户经常会在说到一半的时候停下来走神。我的好奇心促使我想知道他们未说出的是什么，或者说他们回避了什么！他们"拒绝"告诉我什么？

咨询和治疗中的一个典型惯例是让客户说话且不要打断他们，可一旦我发现了上面那一点，就决定无视惯例，打断他们的回避策略，让他们重新把话说完——其结果往往很深刻。实际上，每当我这样做，都会发现这里面有一个有用的信息点：客户往往会突然崩溃，当场情绪爆发，很多时候便暴露了其问题真正的、隐藏的原因，而他们之前从未告诉过任何人。

举个例子：

客户：我还是个孩子的时候，我非常——好吧，我爸爸妈妈以前经常工作，经常很晚才回家。

 我：你刚才想说什么？"我还是个孩子的时候，我非常……?"

客户：没什么，只不过是——

 我：继续，把这句话说完。"我还是个孩子的时候，我非常……?"

客户：孤独。我非常孤独。(不开心。)

之后，这个被避开的词会开启一个全新的询问路线，而且往往会发生一次深层次的、即时的和深刻的转变，往往让当事人感到惊讶。

那些需要我们直面的东西其实有很多就在我们眼皮底下，只要你知道如何去看。如果你靠自己的个人能力（不管是哪种能力）来帮助别人，那就让他们把未说完的话说完，看看会出现什么。对你自己而言，如果话只说了一半便突然停下来并改变话题，你就要注意了。注意那些你想说却没说的内容，里面肯定有什么想法！

未说完的话和未说完的词（我们甚至有可能在说某个词时中断）往往昭示着未竟之事。我们之所以不想说完某句话或某个词，是因为一旦将其说完，就会更接近那种有未竟之事的感觉，而我们并不想感受到这一点。威胁反应开始了，我们停了下来，没有说出我们要说的话，而是转而说其他的话，这样就暂时回避或逃避了这个问题，让那个隐形的、限制性的观念再完好无损地多存在一天，并在下一个机会出现时在潜意识中影响我们。根据我的经验，许多结巴的案例都属于这种情况，只是比较极端，已经成为潜意识中的、自动的过程。

流动的问题

在我的执业治疗师学院，我用我使用的方法对学员进行培训，这样他们也能帮助别人。我会给学员做一个练习，他们通常都觉得这个练习很难。我给他们发了一张纸，上面有一连串的问题，我让他们与扮演客户的学员展开对话，但扮演治疗师的学员只能通过提出纸上的一个问题来回应对方所说的话。

看到他们因不能发表意见、提供建议或讲述自己的经历而产生的挫败感和困难，真是令人惊讶。我要求他们以这种方式跟"客户"交谈大约十分钟，而"客户"可以自己选择话题来讲，最初他们通常会选择轻松的话题。

这些问题看起来很简单，但设计它们的目的是鼓励受访者更深入探究自己的思想，在批判思维的保护之外寻找答案，而且他们意识不到自己在这样做。当然，"客户"仍然有机会筛选自己所说的内容，但当我们参与进来、指出那些未说完的话或未说完的词语的时候，"客户"很快就会发现自己被逼到了墙角，就会在聊天中不知不觉地透露出越来越多的信息，但这时交谈其实已经很深入了。我非常重视培养这种技能。

这个过程在谈话时就已经能起到很好的效果了，当我们在自然催眠这种放松、向内走的状态下来操作时，其效果更是事半功倍。外部刺激造成的分心一旦减少，内在的思想和想法就更容易浮现出来，而注意力的增强意味着我们更难假装它们不存在（即"抗拒"它们）。

这就解释了为什么与传统方法相比，这一方法能让我们更直接地抵达问题的核心，以及它如何做到这一点。

之前已经讨论过，我们实际上都非常善于保护自己，不让自己去需要去的地方，但当我们以正确的方式进行对话（即被问到探究性问题）时，要做到这一点就有点棘手了。理想的情况是与训练有素的专业人士进行这些对话，但有时与好朋友或我们信任的人进行有条理的聊天也同样有帮助，跟自己对话也行。

但请记住，在与"伙伴"合作时，如果你是问问题的那个人，就要问问题，而不要提供解决方案、意见、建议或讲述自己的故事！

看看你是否能养成使用下面这些问题的习惯：

- 以什么方式？
- 那是什么样子的？
- 还有什么其他的吗？

让我们把想要解决某个问题的人称为"逃避者"，而帮助他们的人是"伙伴"。两者的对话可以这样进行：

逃避者：我在游泳上需要些信心。

伙　伴：在哪方面？

逃避者：我很紧张。

伙　伴：哪种紧张？

逃避者：就像我会突然感到疲倦，游不动了。

伙　伴：是什么样子呢？

逃避者：比如我就会气喘吁吁，游不了了。

伙　伴：这是什么感觉呢？

逃避者：这很危……我不知道。

伙　　伴：把这个词说完，"很危……"

逃避者：很危险。我会感到失控、无助，所以我连进泳池都会
　　　　害怕。

伙　　伴：还有别的吗？

逃避者：是的，这发生在我还是个孩子的时候，从那时起我就
　　　　感觉不一样了。它比我想象的要深，我真不应该在那
　　　　里游泳。我真的很害怕，喘不过气来，我觉得自己不
　　　　可能游到另一边。

这是那场真实谈话的简略版，在提到糟糕经历时甚至可能引发
某种情绪，这也是为什么这个问题能很快找到根源。在这一点上，
我们现在有了一些信息，可以进行讨论。

当客户需要更多的专业帮助时，例如处理重大创伤或临床抑郁症，
绝不要使用伙伴系统，但对于日常的恐惧、忧虑和焦虑，你会惊讶地
发现，有时这个方法可以多么轻松地让人转变观念，缓解症状。

如果有人感到不安或流泪，没关系，你只需安慰一下。这最终
会过去，之后他们可能会要求与受过这方面训练的人进行会谈，从
而解决更深层次的不安（无论它是什么）。本书第四章会介绍更多关
于这方面的细节。

需要多长时间？

要想在任何一个领域内实现持续的改变，所需的时间与你的观
念和行为在该领域持续转变所需的时间相同。在某些领域，可能一
个简单的词或短语就会立即给你带来所需的观念上的转变，使你摆
脱从前的限制，立竿见影；在另一些领域，你可能需要用一生来解
除限制，这个过程可能充满了强烈的记忆和生活经历，你需要被

治愈。

那么，我们需要多长时间来转变观念呢？答案很简单，需要多少时间就花多少时间，但投入的时间越多，就越有可能加快这个进程。不过，提醒一下，任何以完全开放和坚持的态度来实施这些练习的人都应该能在三十天或更短的时间内初步体验到好处。

这并非承诺"三十天内让你的生活完全归位"，但你应该能感知到某种转变，这样你就会觉得自己正在取得进展，接下来就可以深入挖掘，推进这一进展。随后，更长期的好处便会出现。

可以在哪些领域使用这个方法？

我经常帮助人们解决下面这些领域中的问题：

- 焦虑与自信。
- 酒精、药物与成瘾。
- 饮食与减肥。
- 饮食失调。
- 健康与健身。
- 缓解疼痛。
- 运动与表现。
- 衰老。
- 性与亲密关系。
- 商业、工作、职业和财富。
- 爱情与人际关系。
- 公众演说与演讲问题。
- 怀孕与生育。
- 习惯。

还有许多其他领域。

事实上，凡是涉及我们的思想、感情、情绪和行为的地方，都可以！

遵循这些建议后，你会不会有不同的感觉？我还不太了解你，不知道你会如何将其付诸实践。不过，我知道的是，如果以正确的方式应用这些建议，它们可以且将会给你带来极大的转变。我在自己身上和与我共事的人身上成千上万次见证了这一点。它也能对你起作用。

成功与失败

我知道我们都很想保护自己，让自己远离"F"（失败的英文是 failure，以"f"字母开头），但有人曾告诉我："不管用多少香水，你都不能让一坨狗屎闻起来很香！"

如果我们在某件事情上没有获得成功（即得到想要的结果），从技术上讲，在那一刻，我们完全可以承认我们"失败"了——这一次以这种方式。

"失败是日常生活的一部分"，我们应该以这样的态度来对待和接受失败。有时失败不是什么大问题，有时它又是一个特别大的问题。有时我们可以不理睬它，有时我们又会被它伤得厉害。

失败的唯一问题是我们让它定义我们，并开始认为"我是个失败者"，这会让我们驻足在自动扶梯的底部，抬头向上看，怕得要命，不敢再次尝试。

如果我们失败了，就意味着我们未能在那个时候以那种方式获得我们的预期结果。就这样。每个人生赢家都曾经历过一连串的失败，很多事情并未按照他们计划的方式进行。你是否看过这样的电视节目：狮子的猎物跑掉了，留下狮群在那里依然饥肠辘辘，疲惫地喘着气；或者某个顶级的运动员未能成功射门或投篮。人人都有失败的时候。

我曾经举办过一次网络研讨会，付了广告费，发了邮件，花了几天时间写文稿，留出一整个星期天来准备……但没有一个人出席，一个人也没有。我还是按时举办了网络研讨会，给我自己。我准时开始，讲了一个小时，聊了一会儿，以防有人迟到，但是没人出现。

这是失败吗？绝对是！完全失败！彻底失败！我实现了自己设定的目标吗？还差十万八千里呢。

因此我就成了失败者吗？不。有一段时间我感觉很糟糕，觉得自己很失败。但我从中学到了什么吗？当然！

失败的唯一问题是：我们不断地犯同样的错误，却从不吸取教训。（虽然我也经常这样做！）只要我们（最终）从中学到一些东西——这里我通常指的是知道失败的原因和下次不要做什么，那么失败就可以是一个伟大的老师。

我并不是说应该为了成长而故意去失败，这毫无意义；当然更不是说应该直接接受失败、直接放弃。我想说的是，如果我们因为害怕失败而不去做一些事情，那么我们也可能害怕做那些最终能教会我们如何成功的事情。

如果你过去在做这类事情时失败了，没关系。这可能只意味着要么是你未能得到正确的信息，要么是生活尚未安排你以正确的方式使用这些信息。让自己休息一下。

你会经历一些最初看起来像是失败的事情，但如果你能从中学习，最终就会体验到成功。

培养坚持不懈和坚韧不拔的品质。这些都是成功的好朋友。有了这些武器，我们就能再次出发，从头再来，振作起来，继续前进——无论需要尝试多少次才能实现我们心中的目标。

必须回答的问题

在开始之前，我还有最后一个要求：所有问题都必须回答。换句话说，不允许说"我不知道"！有时"我不知道"就意味着"我不想知道"或"我知道但不想说"；还有些时候，"我不知道"可能表示过一会儿你才会有答案。如果你发现自己在想，那么说"我不知道"没关系，但之后你要深入挖掘下去，必要的话，可以寻求帮助或者休息一下，但必须给出一个回答，而且这个回答必须最终让你感觉是真实的。这是克服抗拒，走进"真正的你"的唯一途径。

好，是时候开始了。

练习1

认识到意义

时长：5~10分钟

是否需要记日记：是

是否需要伙伴：不需要

练习背景

若要成功地实现改变，我们需要了解的第一件事便是：我们给所遇到的一切都赋予意义。这个意义将决定我们的感受、回应或反应，而这又将决定我们会得到什么结果。如果赋予事物一个好的意义，我们通常会感觉良好；如果赋予事物一个坏的意义，我们通常会感觉很糟糕。我们赋予事物的意义来自于我们的观念，而观念则是由我们生活中的经历——我们的过去——形成的。

因此可以说，我们很少看到事物的本来面目；相反，我们看到的是过去的象征，我们的大脑会试图重现这些象征。

这第一个练习是为了帮助你意识到这一点，这样你就可以开启解除催眠的过程，将自己从条件作用下的意义和反应中解救出来。[⊖]请不要急于求成，慢慢来，给自己一个机会，并且要全神贯注。在某种程度上，这个简单的练习是我们解决许多问题的关键。

练习说明

第一部分

1. 找一个安静的地方，保证自己能在几分钟内不受打扰。

2. 至少做 5~6 次长而慢的深呼吸，让自己慢下来、放松并集中注意力。呼气时间长于吸气时间，这有助于模拟解脱的感觉，并促进副交感神经系统使威胁反应暂时失效。

3. 在手机上设置一个 2 分钟的定时器。

4. 在整个 2 分钟的过程中，观察周围，让视线落在你看到的不同物体上。

5. 对于每一个物体，想一想你给它贴的标签是什么，想一想自己给它赋予了什么意义（即它是什么，我们用它做什么，如何使用它，它对我们意味着什么）。

例如，我正在房间里写这些文字，当我环顾房间时：

- 我看到一根延长线……我给它赋予了一个意义。

- 我看到一把电吉他……我给它赋予了一个意义。

⊖ 我最初是从《奇迹课程》（*A Course in Miracles*，由海伦·舒曼撰写）中了解到赋予意义这一内容，这些练习是我自己根据该课程改编的。

- 我看到橱柜上的一个门把手……我给它赋予了一个意义。
- 我看到一个柜子……我给它赋予了一个意义。
- 我透过窗户看到一把园艺锹……我给它赋予了一个意义。
- 我看到角落里的一张桌子……我给它赋予了一个意义。
- 我看到墙壁上的木板……我给它赋予了一个意义。
- 我看到我的手……我给它赋予了一个意义。
- 我看到一个电灯开关……我给它赋予了一个意义。

对视线所及的一切事物重复这一步骤。最关键的是，不要挑选任何东西，对所有东西都必须平等对待。你不需要把这些写下来。

如果你慢慢地、足够专注地做这件事，就会注意到，你所关注的每件物体都会触发你的一种反应。假设这些物体是你所熟悉的，你会知道它们是什么，有什么用处……但更重要的是，你的大脑甚至可能会触发与你最后一次使用这些物体相关的记忆，或者想象你将来使用它们的情形。

在做这个练习时，我希望你能清醒地意识到那个通常在你的潜意识中发生的过程。当你的潜意识为你唤醒记忆或让你进行想象时，你就识别出了物体并给它们赋予了意义。

做完这些之后再进行下一步。

第二部分

完成第一部分后，如果你愿意，可以休息片刻或在一天中的晚些时候来做这部分练习。

当你准备好后，重复上一部分练习的步骤，但这次你要闭上眼睛，发挥你的想象力，把赋予事物意义与你生活中的不同的人联系起来。

1. 找一个安静的地方，保证自己能在几分钟内不受打扰。

2. 慢慢做几次深呼吸，每次时间长一些，让自己放松下来并集中注意力。和上次一样，呼气时间长于吸气时间，这样你会感觉更像是在叹气，身体也可以放松。

3. 启动定时器，闭上眼睛。

4. 在这整个2分钟的过程中，让你大脑想到你生活中不同的人。

5. 对于每一个人，回想你给这个人贴的标签，注意自己给他们赋予的所有意义。

同样，不要挑挑拣拣，如果想到了什么人，就围绕他进行练习。比如：

- 我想到了我的邻居……我给这个人赋予了一个意义。

- 我想到了我的儿子/女儿……我给这个人赋予了一个意义。

- 我在想我的伴侣……我给这个人赋予了一个意义。

- 我想到了我前面那个把车开走的陌生人……我给这个人赋予了一个意义。

- 我想到了昨天在商店里为我服务的人……我给这个人赋予了一个意义。

如果你在整整2分钟内一直坚持这样做，平等对待你想到的每个人，你很可能就会体验到一些感受和情绪，即情感意义。

第三部分

在日记中尽可能多地记下你想到的那些人，并在每个人旁边写上以下内容：

- "P"代表积极的感受/意义。

- "F"代表消极的感受/意义。
- 如果积极和消极的感受/意义都有，则写"M"。
- "N"代表完全中立的感受/意义。

（你可能很好奇我为什么用"F"表示消极的感受/意义，这一点我会在后面解释。）

这样一来，你就再次把一个潜意识层面的过程变成有意识的过程，并能认识到你一直应用在人们身上的所有情感意义。这些情感意义其实喻示着你的观念。

接下来会有更多的内容，但你现在可以在一天的任何时候开始做这个练习了，只要想到就可以做。你只需观察自己注意到的事物，然后说："我正在给它赋予一个意义。"同样，在与人接触时，你也要观察自己产生的所有感觉或反应，并对自己说："我正在给这个人赋予一个意义。"

进阶版

如果希望取得更大进步，你可以在一周内每天都做这个练习。

如果还想再进一步，你可以选择在一天内每隔4小时重复这个练习。然后在第二天再做一次。接下来的一天再做一次。接下来可以在一天内每小时重复一次。然后，每半小时重复一次。

如果决定做这个进阶版练习，你不需要每次把一切都写下来，但是每隔1小时要停顿2分钟，静下心来，关注周围的一切、大脑中运行的一切及你对一切所赋予的意义，这将大大加快你对周围的关注。你还可以从这个练习中稍稍抽离一小会儿，这样的话，如果你产生了任何压力或紧张的感觉，也不至于积累起来。

现在，让我们说得更具体一点……

练习 2

3 -2 -1 分析练习

时长：10 ~ 15 分钟

是否需要记日记：是

是否需要伙伴：自主决定

练习背景

我们经常过多地关注生活中的消极事物，而不去欣赏积极事物；或者反过来，我们过多地关注积极事物，而回避那些需要我们直面的事情。我想帮助你们培养一个新的习惯，让你们更关注积极的事物，同时还能让你面对所有消极事物或令你们担忧的领域。

这是一个自我反省的模式，它采取的形式是：

- A 的三个方面，X。
- A 的两个方面，Y。
- A 的一个方面，Z。

在教学场景中，如下所示：

- 某个主题的三个方面，我觉得很有趣。
- 某个主题的两个方面，我想进一步研究。
- 某个主题的一个方面，我想要阐明。

在听到有人将这个练习应用于考察运动表现后，我也开始用它与和我共事的体育界人士讨论比赛后个人和团队的表现，效果非常好。比如：

- (今天/这周/这个月）我做得好的三个方面。
- 我想改进的两个方面。
- 我想立即改变的一个方面。

本书中的这个练习旨在帮助你关注：

- 生活中三个好的领域。
- 两个你希望或想要改变的领域。
- 一个你需要立即改变的领域。

练习说明

第一部分

从整体上思考你的生活，在日记本新的一页上写下"3–2–1
分析练习"这个标题。在标题下面写下：

- 生活中的三件好事情或积极的事情（即被你赋予积极意义
  的三件事）。
- 两件你想改变或改进的事情。
- 一件你觉得立即需要改变的事情，即使你并不愿意直面它。

想到什么就写什么，无论你最先想到的是生活中的哪个领域，
但要坚持3–2–1原则，我可不希望出现一个长长的清单！这只
是为了练习如何做。

如果你能写下三件积极的事情，很好。如果有困难，你必须
坚持下去，直到想出来为止。如果需要帮助，请你信任的人给你
一些想法。无论做什么，都不要跳过这个环节。坚持下去，直到
你能写下生活中三件积极的事情。必须这样做，即使是像"我有
一张能睡觉的床，我头上有个屋顶，我有食物吃"这样基本的

事情也可以。

第二部分

关注这三个积极的陈述，如果可以的话，把它们大声读出来。

这些陈述必须是真实的，或者当你说出来时感觉是真实的。千万不要引用你在某处读到的一些通用的积极思维类的陈述。要让它们是真实的，要使用你的日常用语。

这些积极的事情将构成接下来发生的事情的基础。每当你读这些陈述或对自己这样说时（你知道它们是真实的或让你感觉是真实的），你就会通过自然催眠强化它们，让它们加强你那些有意识的观念，并深入到你的潜意识中，为你提供参考。

这就是为什么它们必须是真实的。我们不希望那个批判思维充当守门员，我们希望这些想法能被放进来。如果它们是真实的，就会被放进来，因为它们几乎碰不到任何抗拒。

测试一下——我想让你了解并认识到对积极的想法做出肯定是什么感觉。我想让你关注一下，当你对自己说真正积极的事情时，你的身体有什么感觉。你并非要向任何人证明什么，也不是要说服任何人相信什么。你只是在按它本来的样子陈述它。

我还想让你注意内心的所有冲突：你的一部分思想知道这些想法是真实的，但某处却对它们感到抗拒或反感，就好像在意识上你知道并相信某件事，但潜意识中却有一些东西对这个想法产生抗拒。如果感觉到有冲突，现在就选择一个不同的陈述，一个不会引起冲突或抗拒的说法。

在日记中写下几个词来描述一下：

1. 当你说一些关于自己或自己的生活的积极的、真实的东西时，你有什么感觉。

2. 抵触或抗拒是什么感觉，如果你能感觉到的话（比如可能是内心的自我对话或一些身体上的感觉）。

现在来看看你想改变的两件事，以及你觉得需要立即改变的一件事。

你想改变的两件事可能会给你带来表面上的好处；需要立即改变的一件事可能会给你带来更深刻的转变。它们之间可能有联系，也可能没联系，但多半在某种程度上有联系，处理好需要立即改变的那件事情往往也会有助于给其他方面带来改变。

用你上面的例子想一想，在日记中记下如果你能解决"一件事"的话，你认为对那"两件事"会有什么影响。

好，休息一下，准备好之后继续进行下一个练习。

练习3

你的愿望清单

时长：30~60分钟

是否需要记日记：是

是否需要伙伴：自主决定

练习背景

在销售和营销界，人们经常谈到，产品和服务被分为三个主要类别：

- 健康与幸福。

- 事业与财富。
- 人际关系与亲密关系。

这是有道理的，因为它们几乎涵盖了我们生活的每个领域。通常还有第四个领域，与精神有关，但我稍后再谈这个问题。现在，我想让你想想这三个主要领域，并对每个领域做 3－2－1 分析。

为什么都做呢？因为若不每个都做，你就有可能躲避你所抗拒的事情。如果你心里某个地方害怕，不敢去做，威胁反应就会被巧妙地激活，你就会感到不舒服，然后找到一个合乎逻辑的、合理的理由来说明为什么现在不用这样做。

不要被欺骗！记住，抗拒是徒劳的，只会拖延这个过程。这并不意味着要你立刻做出改变人生的决定，它意味着你可以克服与这个决定相关的恐惧，这样当你不得不做决定时，就可以从一个更好的角度来做。所以，让我们在这三个方面都做一下 3－2－1 分析，以确保你能获得绝对的最大收益。

练习说明

第一部分　健康与幸福

1. 在日记本中找出一页，在页首写上"健康与幸福"这个标题。措辞可以略有不同，只要你感觉舒服。

2. 想一想与你的身体整体健康情况相关的事情：健康状况、体能、体重、饮食、运动、睡眠都可以归入这个类别。

3. 对你的健康现状做 3－2－1 分析，写下：

- 关于目前健康状况的三个积极陈述。
- 两个有改进空间或想做出改变的事情。

● 一个你需要立即做出改变的事情。

4. 把每一个答案读给自己听。这三个积极方面应该是真实的，能给你一个积极的基础，让你在此之上开始。你想改变的两件事应该让你对改变它们这一想法有积极的感觉。而需要立即改变的那一件事如果得到解决的话，应该会让你感觉很棒，即便你现在还有些恐惧或犹豫，或者还不知道如何解决。

5. 针对"两件事"和"一件事"中的每一件都给自己打分，以此说明你现在对做出这些改变有多大的动力。10 分为满分，其中 10 分 = 非常强大，0 分 = 完全没有。

一定不要进行任何知识化处理，也不要担心如何做出改变。你只需通过做 3 – 2 – 1 分析来确定这些事情，给自己目前的动力打分，然后进入第二部分。

第二部分 事业与财富

1. 在日记本中找出一页，在页首写上"事业与财富"这个标题。措辞可以略有不同，只要你感觉舒服。

2. 想一想生活中与事业和财富等相关的事情：工作满意度、教育、财务、工作量、晋升、储蓄、债务、财产等都可以归入这个类别。

3. 按照 3 – 2 – 1 分析步骤进行练习。

再次强调，千万不要过度思考或担心该如何做出改变。你只需先确定这些事情，给自己打个分，如果需要就休息一下，然后进入第三部分。

第三部分 人际关系与亲密关系

1. 在日记本中找出一页，在页首写上"人际关系与亲密关系"

这个标题。如果你愿意，也可以重新措辞，使之更具体地反映相关领域。

2. 想一想生活中与人际关系和亲密关系相关的事情：重要的另一半、家庭、孩子、朋友、同事、性、约会、娱乐和社交等都可以归入这个类别。

3. 按照 3 - 2 - 1 分析步骤进行练习。

一定不要进行任何知识化处理，也不要担心如何做出改变。你只需先确定这些事情，给自己打个分，然后进入第四部分。

第四部分

现在大声朗读你在本练习第一部分至第三部分所写的内容，格式类似于这样：

在健康与幸福方面，我现在可以确定的三件好事情是_____（积极事情1、积极事情2和积极事情3）。

我真的很想改变_____（你想改变的两件事），如果我能改变_____（你需要立即改变的一件事），那就太棒了（如果你愿意，可以用另一个词）。

在事业与财富方面，我现在可以确定的三件好事情是_____（积极事情1、积极事情2和积极事情3）。

我很想改变_____（你想改变的两件事），如果我能改变_____（你需要立即改变的一件事），那就太棒了。

在人际关系与亲密关系方面，我现在可以确定的三件好事是_____（积极事情1、积极事情2和积极事情3）。

我很想改变_____（你想改变的两件事），如果我能改变_____（你需要立即改变的一件事），那就太棒了。

全部读完后，注意自己的感受。那个已经实现了目标的未来的你应该在呼唤你。"真正的你"（你内心那个直到现在还在躲藏的你）应该开始动了起来。你的批判思维将会密切关注它以保证它安全……

有兴趣还是有决心？

不知道最初是谁提出了这个问题，但它一般能帮我们区分哪些人能成功实现自己心中的目标，哪些人不能。有兴趣的人可能有梦想和目标，但却从来不为之做任何努力，而有决心的人则会采取必要的行动来达到目的。

有兴趣的人会在嘴上说要做出改变，而有决心的人则真会这么做。有兴趣的人走在人行道上，不小心掉进洞里，便叫道："哎哟，再也不走这条路了。"说完，他便返回安全的地方。有决心的人则会继续向前走，有时会接二连三地掉进洞里，但他们会一路学习，直到最后能设法避开这些洞并获得成功——无论是哪方面的成功。

要想在生活中的某些领域成功做出改变，需要的往往不仅仅是一时的兴趣，通常还要有坚定的决心。

这并不意味着我们必须夜以继日地努力工作，直到达到目的为止。当然，有时为完成一项任务，我们必须下这种决心，只有这种不达目的不罢休的决心才会支持我们坚持到底，即使我们可能早就想放弃。不过，我们若想在生活中做出任何改变，都需要一定程度的坚持，而使这种坚持成为可能的，正是这种不达目的不罢休的决心。

因此，当我们思考这些力求改变的生活中的领域时，一定要问自己："我是有兴趣还是有决心？"

顺便说一下，这没有对错之分，完全取决于你。如果你从"有兴趣"开始，看看它把你带到哪里，这也是可以的。很多人都表达过对从我这里获得帮助或参加我的课程有兴趣，但几年之后他们才最终付诸行动。兴趣会让他们不断回来，但他们要想跨越从兴趣到决心这个门槛，往往需要一定的环境或一定的时机。这很好。我们必须要等时机成熟，而这基本上可以归结为另一个我们尚未讨论到的因素。

我记得我曾给刘易斯 FC（Lewes FC）女子足球队做过一次简短的演讲。在我写这本书的时候，他们是世界上第一个，也是唯一一个做到男女球员同酬的足球俱乐部。我认为这是一个值得我付出时间的事业，便开始与各位球员聊天，看看是否能帮助他们提高表现（包括球场上和球场外的表现）。

在第一次谈话中，我阐述道："作为一个团队，你们真正做的在这里，在上面。"说着，我把双手举到大约头部的高度。接着，我把手举到大约胸部的高度，继续说道："在它下面，在这里，装着你们的观念和价值观，它们会帮你们决定如何去做。"然后，我把手放到肚脐处，说道："但在这里，在深处还有一层，它是其他一切的基础。有谁能告诉我这是什么？"我满怀希望地问。

我默默地看着周围的二十多双眼睛，有的在看着我，有的则避开我的目光，最后终于有人开口说话了。"为什么？"新西兰籍球员路德·凯蒂问。

"是啊！"我感激地说道，为有人回应而松了一口气。"为什么?!"

关于这个话题的书很多，但要真正有所感受，最好的方法是观看西蒙·斯涅克的 TED 演讲，我正是在听这个演讲时产生了"什么—

如何——为什么"这个三层面的想法。

"做什么是在这里,"我重复道,"怎么做是在这里,而为什么是在这里,在深处,差不多是在你的肚子里,如果我们要提升你们的表现,把你们的优点发挥出来,通常我要挖掘的东西就在这里。"

每当有人请求我帮助他们以某种方式做出改变时,在他们提供的一大堆信息下面,我真正想知道的是:为什么要折腾?为什么不维持现状?为什么想摆脱这个问题?为什么想要其他东西?那个其他东西是什么?想要实现的是什么?为什么?为什么?为什么?不能问一个大大的"为什么"往往是我们被卡住的原因之一。在这种情况下,我们往往知道应该做出改变,甚至可能真的想改变,但如果没有一个足够充分的理由来让我们现在就改变、今天就改变,那么我们最终可能会推迟这种改变,或者拖延行动(冻结反应),直到有了足够充分的理由才会行动。

我记得我的一个朋友曾经每天吸 20 ~ 40 支烟,在一个共同朋友的婚礼上,他在舞池里走到我面前,在我耳边喊:"你得帮我戒烟。"

我想了一会儿。我知道这个人是个狂热的唱片收藏者,特别喜欢音乐。"想象一下,如果不抽烟的话,你可以买多少张唱片?"我说。他退后一步,笑了。

近二十年后,我和他又见面了,聊起过去,他跟我讲了这个故事,并告诉我,从那天晚上起,他再也没有吸过一支烟。

让人们对改变产生兴趣的正是"为什么"。正是有了一个大大的"为什么",我们才能一直保持坚定的决心,将改变进行到底。

然而,让我们产生兴趣的"为什么"和让我们下定决心的"为什么"可能并不总是同一个。就像我的朋友一样,健康让他对戒烟感兴趣,但能买到更多的唱片让他下决心戒烟!

朝向动机和远离动机

我们需要一个足够好或足够强大的理由来激励自己或鼓舞我们克服惰性。无论是从舒适的椅子上站起来带狗出去玩、去健身房做运动，还是拨打那个拖延了一段时间的电话，或者克服赫布型学习。当我们可以选择少做一些事情甚至什么都不做时，多做一些事情就需要一个足够好或足够强大的"为什么"的支持。

做事通常有两种驱动力，一般被称为"朝向动机"和"远离动机"。

"朝向动机"意味着我们之所以做某事，是因为对做想做的事情的结果附加了好处或快乐，也就是说，我们正在走向快乐。

"远离动机"意味着我们之所以做某事，是因为对现状或不做这件事可能出现的情况附加了痛苦或不适，也就是说，我们想远离痛苦。

在某个特定情况下，这两种动机实际上都会存在，但我们往往会选择其中一个。有些人属于"未来"驱动型，专注于目标和积极的结果；而有些人则更偏向于恐惧驱动型，做事情是为了逃避或回避消极的结果。

如果我能够帮助一个人确定他实现某个目标的最深层动机是什么及属于什么类型，我们就可以专注于这个动机，并以正确的方式将其放大。从表面上看，如果一个人的动机更积极，那么让它去关注负面的东西便毫无意义；反之，如果一个人对负面的东西反应更大，那么让他去关注积极的东西也没什么效率。

但是，如果我发现有人对思考这两个动机中的任何一个都有抗拒情绪，我通常会对此进行探究，因为我们通常会发现某种恐惧、某种限制，而当我们发现这两种问题的其中一个并解决它时，转变往往会更加深刻。这个问题我会稍后进一步探讨。

不过，现在让我们看看"你的愿望清单"练习（练习3）。在你想到的每个领域中，都会有朝向动机和远离动机，所以你可以通过一个练习来帮助自己识别它们。这些就是你的"为什么"。接下来，我们就可以弄清楚你对改变这些领域仍然只是感兴趣，还是下定决心。

练习4
一个大大的"为什么"

时长：15～20分钟

是否需要记日记：是

是否需要伙伴：自主决定

练习背景

这个生活指导练习使用了"笛卡尔问题"（Cartesian Questions），可以很好地帮你识别和澄清你想改变的动机，从而有助于创造灵感和动机，让你去做自己需要做的事情。

练习说明

1. 在日记本新的一页上写上"健康与幸福的动机"这一标题。

2. 在标题下面写下你认为在该领域需要立即改变的一件事，之前的练习中出现过。

3. 然后对以下每个问题进行回答。

问题1：如果你不应对_____（生活中的这个领域），将会发生什么？

答：如果我不应对_____（生活中的这个领域），将会发生的是……

问题2：如果你不应对_____（生活中的这个领域），就不会发生什么？

答：如果我不应对_____（生活中的这个领域），那么不会发生的是……

问题3：如果你真的应对了_____（生活中的这个领域），将会发生什么？

答：如果我真的应对了_____（生活中的这个领域），那么将会发生的是……

问题4：如果你真的应对了_____（生活中的这个领域），就不会发生什么？

答：如果我真的应对了_____（生活中的这个领域），那么不会发生的是……

1. 在事业与财富动机和人际关系与亲密关系动机的练习重复这一过程，每个领域的记录都要在日记本中新辟一页。

2. 现在为每个"需要立即改变的一件事"给自己打一个新的动机分数。满分为 10 分，其中 10 分 = 非常强大，0 分 = 完全没有。

3. 把你的得分写在每一页的底部，看看它与你在前一个练习中的初始分数是否不同。

分析结果

0 ~ 4 分：你可能并不特别喜欢目前的状况，但你对改变它几乎没有任何兴趣或动力，而且在某种程度上你很乐意忍受它，尽管你在某种程度上知道它可能对你不利。你可能甚至对做出改变这种想法都有着强烈的恐惧或抗拒。

5~7分：你对改变现状有兴趣，但还没有足够的决心去行动，或者对这个想法恐惧和抗拒。

8~10分：听起来你已经准备好去做了，只是需要得到一些帮助，好知道如何去做。

练习5

提升你的"为什么"

时长：5~10分钟

是否需要记日记：是

是否需要伙伴：自主决定

练习背景

现在我们既然已经有了一些关于你想改变的领域的信息，就需要充分提升"为什么"的作用，以使你能够真正开始并继续做下去。不过，有时我们需要分阶段进行。

练习说明

1. 查看一下你在练习4中的动机得分。

2. 根据得分情况，回答下面的相关问题。

3. 完成后，大声读出你的三个回答（每个领域都有一个），多读几遍，注意读的时候对它们的感受。

4. 注意你的动机得分的任何变化。

问题

如果你之前的得分是0~4分，问自己什么会让你对改变、改

进或改造你生活中的那个领域更感兴趣。在日记中你的动机得分
下面写下回答，格式如下：

> 让我对改变、改进或改造自己生活中的这个领域感到更
> 有兴趣的是……

如果你之前的得分是 5~7 分，问自己什么会让你觉得更有决
心去改变、改进或改造你生活中的这个领域。在日记中你的动机
得分下面写下回答，格式如下：

> 让我觉得更有决心去改变、改进或改造自己生活中的这
> 个领域的是……

如果你之前的得分是 8~10 分，问自己需要什么样的帮助，
以便能继续改变、改进或改造你生活中的这个领域。在日记中你
的动机得分下面写下回答，格式如下：

> 为了能够继续改变、改进或改造我生活中的这个领域，
> 我只需……

做好了？很好。你是否按照说明大声读了几遍？做得很好。
让我们继续。不过，如果你此时也突然发现自己已经愿意并
能够做出其中的一些改变，不要惊讶。

U 形流动图

每当有人向我寻求帮助时，在我们谈话的早期阶段，我都想弄
清楚这样一件事：我们需要在哪个层次上操作，才能带来他们所期

望的改变？一直停留在浅表吗？还是需要挖得更深一点？深挖一点点就够了吗？还是需要挖得特别深？

这同样适用于我们当中任何一个在生活中寻求改变或转变的人。我发现最简单的方法便是利用我所说的"U形流动图"（U-Flow，见图2－1）来帮助我们弄清楚。

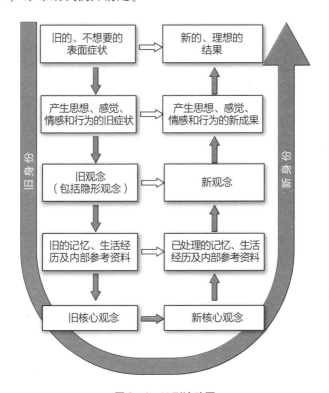

图2-1　U形流动图

看一下这张图，考虑一下生活中那些你一直想改变的领域。能在顶部从左向右直穿过去吗？还是需要往下走一层，在较低处到达一个交会点，然后再往上走？如果是这样，要往下走多远才能找到正确的交会点，然后再上来并得到你想要的转变？

如果能找到正确的交会点，我们就能把意志和能量集中在那里，这样我们想要的改变就有最大的机会持续下去。

让我们一步一步走下去以确保能完全理解图 2 - 1。如果你的脑海中出现一些关于自己的情况的想法，不要惊讶。你可以在日记中"一般想法"这一页上记下任何你想要记的东西，但我们稍后将对此进行有条理的练习，所以现在还不需要在这上面花太多的时间。

第一层　表面症状

图 2 - 1 的左上角是我们的表面症状。这些思想、感觉、情感和行为极大地影响了我们的生活，以至于让我们想做一些事情来缓解或改变它们。

焦虑？愤怒？咬指甲？压抑自己？

有时候，当我们意识到自己一直在做什么，并有很强烈的愿望想去做点别的什么时，我们就可以少采用旧的方式或弃之不用，开始采用或进一步采用新的方式，就是这样。这是一种意识，接下来是做出决定，之后便是行动。

- 当我走进厨房时，我不再想去吃巧克力豆，而是想喝杯水。

- 我不打算再在一周内每晚饮酒，我只会在周末喝杯葡萄酒或啤酒。

- 当我走进一个房间时，我不再是那个"害羞、不自在的人"，我会走到人们面前，跟他们握手并打招呼，成为一个让每个人都感觉舒服的人。

- 我不再咬指甲了。我会随它们去，让它们长。

这些例子我自己都用过！通用的公式是：

　　　我不再＿＿＿＿＿了，我要＿＿＿＿＿。

当然，我们需要一个足够好的理由，或者一个大大的"为什么"，以使自己想要做出这种改变，但有时真的可以这么简单。

大多数人最先尝试的就是这个——我们称之为使用意志力，但如果遇到内部抗拒，就会出现问题。如果我们有足够好的理由，就会下决心去改变，我们的意志就足以克服任何抗拒，这样我们就会成功，可能会确立一种新的存在方式，获得新的、更理想的结果。否则，我们就会挣扎，会发现自己在下行的自动扶梯上向上跑。此时，我们不得不在 U 形流动图中下降一个层次。

注意 我们可以用意志力直接从旧的、遭到嫌弃的表面症状横移到新的、理想的结果，只要我们能够克服任何对改变的抗拒。

第二层　潜在的思想、感觉、情感和行为

现在，正如我们所知，我们之所以有表面症状，通常只是因为赫布型学习在对我们进行条件作用，或者我们在对威胁反应做出适应和反应，再或者上述两个方面兼而有之。

如果在表面症状层面很难做出改变，下一步就是深入研究造成这些表面症状的思想、感觉、情感和行为。

- 我在想什么或想象什么，以至于让我对今天晚上的外出感到焦虑？我害怕什么？为了帮助自己应对或避免这种焦虑，我做了什么或想做什么——无论是因为恐惧、条件作用还是两者兼而有之？

- 如果不按时完成这项工作，我担心会发生什么？这让我想象、感觉到了什么？我想做什么来弥补或应对？

- 我在想什么，以至于让我在明知应该说"不"的情况下还是

答应了？我当时的感受是什么？我在害怕什么？在我想象中，它会给我带来什么？

如果我们能确定是哪些原来的思想、感觉、情感和行为造成了我们的表面症状，往往这本身就可以打破我们的模式或循环；如果我们能与信任的朋友、同事、家人或专业治疗师谈论这些问题，尤为如此。

但是，如果我们也能创造一套新的思想、感觉、情感或行为，直接去挑战旧的思想、感觉、情感或行为（两者甚至完全对立），并坚持不懈地将我们有意识的意志和想象力集中在这个层面上，积极强化它们，它们便可以向上渗透，创造出我们所寻求的新的、更理想的结果。

通用的公式是：

我在想什么、感觉什么、做什么或想象什么，使我一开始出现了这些表层的症状？

我宁愿——或需要——有哪些相反的想法、感觉、行动或想象，以便能创造更积极的理想结果？

比如：

- 与其想象自己感到焦虑和恐惧，不如想象自己很开心，这样就愿意出门了。
- 与其对工作的最后期限感到紧张，让自己感到焦虑和恐慌，不如保持冷静和专注，什么都不想，只是继续做下去，这样我就能放松下来。
- 当我想说"不"的时候，我不再说"是"，我可以想象自己说"不"，而且现在这种感觉很好。

如果我们以这种方式将有意识的意志集中起来，就可以产生强大的效果，把我们从旧的思维模式对我们的催眠中解救出来，有意识地对自己进行催眠或调节，让自己产生新想法。我们不需要任何神秘的状态，只需要有意识地集中意志力就可以。

但专注于这些新想法并将其印在我们的脑海中就像试图进入夜总会一样，我们的批判思维（大脑的守门人）会密切监视。如果这些新想法中的任何一个挑战了我们对自己或对生活中这个领域所持有的观念，或者与其相矛盾，我们知道，批判思维就会触发威胁反应，我们就会左右为难——我们的一部分思想关注新想法，另一部分却喊"啊，不要"。

注意 我们可以直接从旧的思想、感觉、情感和行为横移到新的、更积极的想法、感觉、情感和行为，并获得我们现在渴望的新的、更理想的结果——只要我们的观念能接受它。

如果我们的潜在观念支持这些新想法，那太好了；如果不支持，我们就会挣扎或得到不一致的结果。这样的话，我们就要在 U 形流动图中再下降一层，将同样的过程应用于我们的观念。

第三层 观念

观念就像一家思想工厂。正如我们所知，正是我们的观念创造了思想、产生了感觉和情感、驱动了行为，在我们的生活中产生了那些表面症状。如果我们能识别出是哪些观念在起作用，并将其转换为更积极的观念，那么它就会再次沿着 U 形流动图向上流动，我们就会得到积极的结果。

- 我到底相信了什么，才会产生那种想法，让我吃对自己"有害"的食物，而不是多吃点我想吃的或需要吃的东西，好能减轻体重、感觉良好？

- 我到底相信了什么，让我在争取工作晋升时搞砸了，导致我永远无法达到自己有能力达到的满意程度、获得自己有能力得到的财务回报？
- 我到底相信了什么，才会产生那样的想法，以致晚上醒来后无法再入睡？
- 我到底相信了什么，让我总是吸引某种人、产生某种感觉？
- 我该相信什么？

通用公式是：

我到底相信了什么，才会产生先前那种想法、感觉或想象？

从现在、今天开始，我该相信什么，才能让我有一套不同的想法、感觉、情感和行为？

在与客户一起交流时，尽管我们经常可以在 U 形流动图的第一层和第二层上获得改变，但我几乎总是以挖掘观念层为目标，因为这通常是最容易产生持久效果的地方。

但这些观念并非无缘无故出现，一些参考资料、记忆和生活经历能"证明"为什么我们需要以这种方式来相信、思考和感受关于自己和生活的某些事情。如果只是试图转换观念，当我们的内部参考系统支持那些与新观念相矛盾的观念时，批判思维可能就会被激活，引发抗拒—恐惧—威胁反应，使我们很难接受新观念。

注意 我们可以从旧的观念体系横移到新的、更积极的观念体系，只要我们的内部参考系统（即记忆和生活经历）能够提供证据，证明这样做是可以的、安全的。

如果不是这样，我们可能就需要探索那些激烈的记忆、对我们影响深远的生活经历及所有强大的内部参考资料，它们一直都在支持我们长期持有的观念，直至现在。

第四层　记忆、生活经历与内部参考资料

我们从大脑的金字塔模式和图书馆模式中学习到，激烈的生活经历会让我们产生激烈的记忆，我们的大脑会参考这些记忆，从而产生激烈的观念。一旦我们认识到自己的观念，以及这些观念所产生的情绪，就可以更深入地挖掘下去，对其追根溯源，以便不仅了解其原因，还能切实解决、释放它们。

- 我是从哪里知道要对公共演讲这一想法感到焦虑的？
- 我是从哪里知道减肥对我来说是不安全的？
- 是什么让我相信我不能做生活中真正想做的事？
- 我经历了什么，让我觉得我需要过度控制一切，才能感到安全？
- 我的大脑在有意识地和在潜意识中获取什么，使我相信这些事情？
- 我过去曾感受到什么，导致我现在有同样的感觉？

在私人会谈中，我通常会做的是帮助某人放松、向内走、专注于他们所体验到的感受，然后让他们回忆过去，深入挖掘，与带有类似情绪的记忆和生活经历相关联。

不过，这并非一个理智的过程。我们在寻找潜意识中的联系，即在意识之下发生的事情，以便能够将它们带入我们的意识，并加以处理。我们并不一定要找到深埋的（压抑了的）记忆——已经忘记的事情——只是要找出我们的大脑在参考什么，致使我们相信一直在相信的东西。

这往往会引发极其痛苦的感受和不好的情绪，可能刚一动这个

念头，我们的威胁反应就处于高度警戒状态，产生抗拒，并因此指示我们"记住这种感觉"。但是，正如我以前说过的，在我们害怕感受某种感觉的另一面，是对它的释放——如果我们能够足够勇敢地面对它、承认它、感受它。

在这样的回归治疗过程中，挖掘激烈的记忆将会化解与之相关的所有情绪，以及由其产生的所有限制性想法或观念，从而减少或消除其影响；但真正需要改变的是那些由这些记忆产生的旧观念。

因此，我也会努力寻找能改变它们（记忆）的方法，这样，当我们的大脑下一次向内搜寻时，就会有一个不同的参考点。

我们会做一些练习。你可以自己完成这些，但最初只需要意识到自己的记忆中存在着一些情绪热点，这些热点使我们很难放下一些限制性的观念。

对很多人来说，如果走到这一步并找到了正确的点，通常可以很快做出相当不错的转变。

不过，还有一个层次，是我花了很多年才完全理解和体会到的，它通常会带来最大限度的释放和转变，即我们的核心观念。

第五层　核心观念

核心观念似乎是每个人所固有的，只是会呈现这样或那样的方式。我们很快就会详细了解它们；它们往往解释了为什么即使我们对过去进行了深刻的清洗，问题依然还经久不去。

回想一下我们对凯特那个案例的研究。之前的催眠治疗师做了一些很好的回归治疗，清除了凯特的过去，这种事情我自己也做了很多年。但是，当凯特和我一起治疗时，我们发现了隐藏在所有这一切下面的核心观念，它们正是我近年来学会寻找和关注的东西。

注意 我们可以从以前的、痛苦的、激烈的记忆横移到新的、更积极的内部参照物,它们给我们带来更积极的想法、思想和结果——只要核心观念允许我们这样做。

因此,当你再次想到生活中你希望解决的领域时,现在是否能明白:如果你发现迄今为止很难做到,这一点其实是完全可以理解的?所有这些层面都需要保持一致,才能使改变持久、永久。任何层面的冲突都会产生对改变的抗拒。

"你就不能'对我催眠',让一切都好起来吗?"人们经常问。有时候是可以的,我们只需放松下来,进入到那种我们称之为催眠的专注状态,暂时减少或分散批判思维,引入一些新的、更积极的想法,为我们更好地服务。但是,无论是这样做还是先挖掘原因,我们几乎总是在向下走,从 U 形的一边走到它的另一边。

有时,这个 U 形很浅,有时则深得多。有一条经验法则:越是有证据表明存在重复的模式——即经历不同,但感受却相同——就越需要深入挖掘;越是看起来只是一个习惯,并且其背后几乎波澜不惊,我们就越能在接近表面的地方应对它。

可是,人们曾无数次对我说:"这只是一个习惯,我已经处理好了我的过去。"结果片刻之后他们便全面释放,因为我们挖掘到了以前未被发现的情感热点。

还有一件事要提一下:当我们经历这种改变时,我们的身份(我们看待自己的方式)往往会发生明显转变,不过这一点我们后面再详细介绍,我们还要讲一讲如何来将身份本身用作转变的催化剂。

现在,让我们仔细看看核心观念,因为它是构成 E.S.C.A.P.E. 法的基础部分。

核心恐惧与核心观念

在开了几年私人诊所、积累了几千个小时的客户咨询经验后，我开始阅读各种各样的书籍，这些书都很离经叛道。

不知为什么，这些书中的某种东西吸引了我，虽然我一开始常常觉得其中的许多想法很离奇，但有一个主题反复出现，挥之不去，这就是：我们的生活经历不仅是由我们的观念创造的，而且归根结底是由一些"核心"观念创造的。

起初我并不想接受这个观点，因为它其实与我在分析性催眠疗法培训中所学到的一些知识相矛盾，我需要跳出自己当时的观念体系来看它。

难道我们遭受的恐惧就那么几种？真这么简单吗？如果探究得足够深，任何问题都可以归结为其中之一吗？

我开始玩味这个想法，并在对客户进行治疗时漫不经心地留意这些。随着同样的想法一次又一次地出现，我开始产生了兴趣，并愈发认真地关注起来。当我追随客户的感受，不断深入探究下去时，我一次又一次地触及这些核心想法之一；每当我这样做，总是会产生巨大影响。仿佛如果有人能触及、暴露、表达这些核心想法，其压力就能得到巨大的缓解。如果有人最终能大声说出以前从未完全表达过的东西，他就会发生转变，而且往往是在极深的层次上的转变，并获得深刻的、改变人生的结果。

客户在表达这些想法时，最初通常会产生很强烈的抗拒，而且这样做之后，往往就会出现情绪上的释放，但事后似乎总是有一种解放的感觉。

其结果便是，我终于开始探索这些。我不想在客户明显有抗拒情绪的时候，只是告诉他们要积极；相反，我会继续挖掘——沿着U形流动图——直到客户最终自己找到这些核心想法中的一个。这时我便知道我们已经深入到客户的观念系统中，所以在这个层面上带来的任何改变都会比仅仅处理表面症状，甚至是位于两者之间的层级和层次产生更深刻的影响。我开始寻求更深层次的转变，而不是单纯地帮助客户解决问题。

我对这些想法越熟悉，它们就越开始凸现出来，仿佛那些不可见的东西突然变得明晰。我改进了这一过程，开始把它们称为"核心恐惧"（消极的叫法）或"核心观念"，因为它们似乎是一切问题的根源所在。在这些方面的转变也会向上延伸，导致其他层次的转变——催眠得以解除，之后客户会更轻松、更自由。

对我来说，其他一切都变得表面化了，而这些核心恐惧和核心观念则成为我的目标。就好像我现在知道在哪儿可以关上水龙头，或者在哪儿可以找到造成我们正在对付的那些问题的僵尸之王！我的目标是帮助客户将旧的、消极的核心观念转变为新的、更积极的核心观念。

现在让我们依次来看看这些观念的典型表现，同时做一些练习，来找出它们目前对你生活有什么影响。如果能掌握这一点，你就会对生活中的每一个出问题的领域有深刻的了解，知道是什么原因造成这些问题的，以及需要做什么来缓解或解决它们。所以，就像每一节的说明中指出的那样，这是一件需要你花一定的时间来认真对待的事情。

E 代表足够（Enoughness）

第一个需要注意的核心观念是关于我们的价值感和价值观的（即我们的"足够"），这就是 E. S. C. A. P. E. 法中的"E"。你可能从其他学习中注意到了这个想法，但当我自己最早在 20 世纪 90 年代中期第一次接触这个想法时，我了解到，与这第一个旧核心观念相伴的基本恐惧是"我在某些方面不够……"。

旧核心观念 1：我不够……

这种"不够……"可以通过多种方式表现出来。最明显的是一些想法或标签，如觉得自己无用、无价值、愚蠢、有所欠缺等，这些意味着我们觉得自己"不够……"。

- 我是个坏人（不够好）。
- 我不可爱（不够可爱）。
- 我不讨人喜欢（不够讨人喜欢）。
- 我不配（不够有价值）。
- 我很丑陋（不够有吸引力）。
- 我很紧张（不够自信）。
- 我很胖（不够苗条）。
- 我很矮（不够高）。
- 我很小（不够大）。
- 我很笨（不够聪明）。
- 我胆小（不够勇敢）。

- 我很无聊（不够有趣、不够风趣）。

- 我很穷（不够富裕）。

- 我不合格（不够有资格）。

- 我是个失败者（不够成功）。

- 我不健康（不够健康）。

- 我是＿＿＿＿＿（负面标签），这意味着我不够＿＿＿＿＿。

以此类推。感到内疚、糟糕、错误也是这种想法的表达。

基本的想法是我们在某些方面有所欠缺。没有"我是谁"的概念，导致我们有所欠缺，因此认为自己不值得得到一些好的东西，并推理出，只配得上一些不好的东西或坏的东西！

如果我们在生活中渴望得到某种东西，但却认为自己在这方面没有价值，感觉自己不配得到它，那么我们就很可能会破坏任何试图实现想要实现的目标的尝试，并最终感到自己有所欠缺，因为当我们即将拥有或实现这个目标时，由于拥有或实现这个目标会违背我们的观念，威胁反应就会启动，影响我们的行为。

每当我们发现自己说这些"不够……"的话时（无论是在与别人交谈还是自言自语时），我们就表现出"我不够……"的这一核心观念的症状，如果不对其进行质疑，我们就会重新催眠自己，强化这一观念。

不过要注意一个区别：

- 我没有皇室血统，肯定不会登上英国王位。如果我赋予这一点以意义（还记得之前"认识到意义"的练习吗），那么我就会觉得自己作为一个人是不够的，这就是负面的核心观念在作祟，而实际上这只是意味着我的家族遗传不同。

- 作为男性，我不够女性化，不能参加女子曲棍球队。如果我赋予这一点以意义，那么我就会觉得自己作为一个人是不够的，这就是负面的核心观念在作祟，而不是接受我只是性别不同。

- 我不够高，无法触摸到月亮（即使我踮起脚尖）。如果我赋予这一点以意义，那么我就会感觉自己作为一个人是不足的、不够的，而它实际上意味着月亮太远了，根本触摸不到。

明白了吗？

我们不能仅仅因为在生活中不具备某种品质或特质、没有某种技能或能力、缺少一定的财物等，就认为自己作为一个人是有所欠缺的。但是，一旦我们赋予其以意义，就会感觉有所欠缺，然后就会对此做出反应。

最初似乎是生活中的某些事件会让我们觉得自己不够好，但对这些想法研究得越多，我就越觉得这些负面的核心观念在不同程度上是天生就存在的。因为有了这些内在想法，我们就会想办法体验这些想法，或者在经历一些事情时把"我不够好"这样的观念附加进去，然后再次受到这些观念的影响，只不过会以不同形式出现、不同人物会参与其中及呈现不同的强度。

这里我们陷入了"先天还是后天"之争。我想说的是，在我看来，诸如"不够……"之类的核心观念恰恰是我们天性中的一部分，在生活中演变出各种不同程度，甚至走向各种极端。

这些负面的核心观念会让我们产生恐惧，从而引发威胁反应，而这反过来又会使我们相应地调整自己的想法、感觉和行为。

简单地说，如果我们体验到低自我价值、低自尊或缺乏自信，就有可能会退缩（逃离反应），并回避有可能会让我们感觉自己"不够好"、产生恐惧和焦虑的任何人和任何事。

另外一种可能是，我们会试图做一些事情（战斗反应）来"证明"自己足够好，从而弥补自己这种不足的观念。我们会试图做一些事情来表现得：

- 足够好。
- 足够可爱。
- 足够讨人喜欢。
- 有足够的价值。
- 足够吸引人。
- 足够自信。
- 足够苗条。
- 足够高。
- 足够大。
- 足够聪明。
- 足够勇敢。
- 足够风趣、足够有趣。
- 足够富有。
- 足够有资格。
- 足够成功。
- 足够健康。

但是，如果这些表现的驱动力来自于自己是有所欠缺的这种观念，那么无论我们在这些领域取得何种外在成就，内心依然会感觉做得不够，而且永远无法完全感受到我们所寻找的那种"足够"的感觉。可能会有暂时的高潮……但这些高潮转瞬即逝，紧随其后的便是低谷，于是我们最终还是会站在自动扶梯的底部，感觉自己无能或"不如人意"，特别是当我们与扶梯顶部那些看起来自我价值极高、极自信的人相比时，这种感觉会更强烈。

有可能改变这种情况吗？绝对可以，因为我们的意志和决心可以起很大作用，特别是在朝着正确的方向并以正确的方式使用的时候。我们也可以利用象征着这一点的激烈的记忆和生活经历，通过这种方式来松开刹车。

但是，除非我们能够改变这一核心观念，否则这将是一场持续的战斗，我们将永远在自动扶梯上上来下去，被迫不断地与自己进行积极的对话或应对各种后果。

为了在这一领域创造深刻而持久的变化，我们要能接受这一核心观念的积极版：现在，作为一个人，"我够好了"，我就是我。并且，我们还要让它影响我们的处于表层的观念、想法和结果。

新核心观念 1：我足够好

如果我们能够开始理解和接受积极版核心观念——不只是无休止地重复肯定性话语或口号，而是切实体验和感受到一种"足够好"的感觉，不需要任何外部措施来证明——那么我们就可以感觉到新生。

我们能做出不同的选择：对让我们感觉自己"足够好"的事情说"是"，对让我们感觉"不够好"的事情说"不"；我们就能对该说"是"的人说"是"，对该说"不"的人说"不"；我们就能对好的选择说"是"，对差的选择说"不"。其结果便是，外部环境（即表面症状）开始转变，产生更理想的结果，并反过来作用在我们身上。

那些过去让我们感到自己"不够好"的人将不再符合我们的世界观，因此，我们要么在他们身上挖掘出不同的品性（这反映出我们新拥有的自尊感），要么就让他们从我们的生活中走开，为新朋友让路。

而且，具有讽刺意味的是，那些我们之前努力争取的东西，现在可以更容易甚至毫不费力地得到了。我经常对客户和学员说：

> "不管是什么感觉驱使某种行为，最终通常会产生更多相同的感觉。"

如果我们试图带着"有所欠缺"和"不够好"的感觉去做某件事，通常最终只会产生更多相同的感觉。如果我们感觉得不到爱，不顾一切地想抓住一段新感情，那么我们的行为方式很可能会让我们再次感到遭到拒绝、得不到爱。如果我们的行为与性格不符，比如因为自卑而试图给别人留下好印象，对方就很可能会看穿我们，让我们感觉比以前更自卑。如果我们试图带着负面的核心观念来解决某个症状，最终只可能会感受到更多相同的负面观念。

但是，如果我们能够找到一种平静、有力量和自我接受的感觉，那么，即使在有困难的情况下，带着这种感觉——暴风中的平静——所采取的行动也能更有效地带领我们走出困境，使我们拥有更积极的人生经历。

真正的你"足够好"

真正的你就是"足够好"。很多人害怕出现相反的情况："要是我发现自己终究不是一个优秀的人怎么办？"但这只不过是"我不够好"的想法在作祟。

想象一下，有一颗美丽的钻石，它闪闪发光、质朴、纯洁、完美。再想象一下，生活让这颗钻石蒙尘，有些污垢粘在了上面。钻石瞥见镜子里的自己，感到震惊——又有污垢粘在上面，越来越多。

最后，钻石看到的全是污垢。于是它要么躲起来，要么就用艳丽的色彩来打扮自己，试图让自己看起来更体面。

有一天，钻石厌倦了这种做法，感觉自己遭到了生活的暴击，便举步不前，然后发现自己被卷入一场暴雨中。它觉得自己暴露了，很害怕，想躲起来。

但是，当雨水冲刷掉污垢时，钻石瞥见了它的另一面，渐渐地，它想起了自己真实的模样，它一直都是这样啊。最终，它感到了平静。

因此，如果"真正的你"足够好，我们是否就要四处宣扬、每天说一千次"我足够好"，直到被人完全领会？嗯，这是一种方法，可能对某些人有用，但如果我们的批判思维当起守门员，说："你在跟谁开玩笑？"那么对大多数人来说，这便不太可能产生持久的结果。特别是如果我们随后与之相矛盾，不去警惕那些消极的想法和观念，让它们偷偷溜过去，从而加深相反的印象，那就更是如此了。

这是我们所做的"认识到意义"练习的目的之一。这样你就可以发现一些思想或想法，如果不对其加以质疑，它们就会强化"不够好"这种感觉或其他核心观念，这一点我们后面会谈及。

如果我们在早上做冥想或积极思维练习时，专注于"我足够好"的感觉，相信我们正在解决问题，然后却在一天中剩下的时间内放弃这种想法，那我们就不会取得很大的进展。

如果要真正感受到与生俱来的"我足够好"的感觉、价值和由此产生的目的，就必须也愿意面对其对立面，即我们的恐惧，并去应对它。

不过，当我们敢于面对恐惧时，我们亲爱的老朋友——威胁反应——将会启动，并试图阻止我们做到这一点："我相信我在某些方面是不够好的，但我不想感受那种原始情绪，所以我会做一些我认为会有助于我不去感受这种情绪的事情。"

问题是，正如我们所知，如果我们对任何一个想法或观念都进行足够的情绪投资，它就会想方设法地让自己现身，并以我们生活中的事件或经历的形式出现，重新投射到我们身上。所以，说到底，躲是躲不掉的。该死！

也许，这个"该死"只是我们暂时说说的？如果生活在某种程度上是要帮助我们进化，那么每一个让我们感觉自己不够好的场合也都给我们提供了一个机会，让我们去超越它，摆脱旧的思维方式的限制，打破模式，去思考、感受和体验更好的东西。无论如何，这并非总那么容易，但却是非常可行、完全可以实现的——只要我们愿意坚持下去，并愿意面对心中的恐惧。

如果我们能够勇敢地面对并承认内心那些"我不够好"的想法，有意识地对它们进行检查，将其暴露在光线下，它们就会溶解、淡化、消失，积极的想法就会将其取而代之。如果我们无论在何种情况下都能感到"我足够好"，我们的内心会很平静，我们会更专注、更有趣、更积极、更安逸、更有效……这些会给那一刻带来更深层次的满足和回报。

那么，现在我们就来做一些这方面的练习。

练习 6

认识到"足够"

时长：10～12 分钟

是否需要记日记：是

是否需要伙伴：不需要

练习背景

价值感和"我足够好"的感觉支撑着我们生活中的太多领域，所以我们必须意识到这方面的观念是如何起作用的，这一点至关重要。

这个练习是为了帮助我们做到这一点，虽然我们现在以一种结构性的方式进行练习，但如果你想取得持续、持久的进展，就应该定期参考这个练习并使用它。至于多长时间一次，这取决于你要解决的问题的性质。每月一次？每周一次？每天一次？每小时一次？我们先来做练习，做完之后你就知道了。

练习说明

第一部分

1. 回到日记中的练习 1 "认识到意义"，找到第三部分。

2. 参考你在每个想到的人旁边所做的感受或情绪笔记，其中 P 代表积极的感受/意义，F 代表消极的感受/意义，M 代表积极和消极的感受/意义都有。

3. 现在用这个"我足够好"的想法来想他们。

4. 如果你把某些人标记为 P，即代表积极的感受/意义，那就问自己这种积极的感受/意义是否与他们让你感到自己足够好或自我感觉良好有关；如果是的话，以何种方式？

5. 在日记本新的一页上标上"认识到'足够好'"，写下他们的名字，以及他们如何让你自我感觉良好或更好，并寻找所有能够得到"足够好"的感觉的模式。一定要诚实！例如：

- J. 让我感觉自己足够好，因为她总是夸奖我。
- M. 让我感觉自己足够好，因为和他在一起时我可以做自己。
- S. 让我感觉自己足够好，因为他比我差，这让我对自己的感觉更好！

第二部分

1. 再次参考你在"认识到意义"练习的第三部分中想到的人的记录。

2. 如果你把他们中的任何一个人标记为 F，即代表消极的感受/意义，那就问自己这种感觉是否与他们让你感觉自己在某方面不够好有关，即感觉或担心自己"不如人"。

3. 写下这个人的名字，以及他在哪方面让你感觉自己不够好。寻找所有让你产生"不够好"的感觉的模式。比如：

- L. 让我觉得自己不够好，因为我觉得她比我漂亮得多。
- S. 让我觉得自己不够好，因为……

第三部分

如果你标记的是 M，即积极与消极的感受/意义都有，那就写下他们在哪方面让你感觉到这种混合的情绪，就像这样：

- 当_____时，_____（名字）使我对自己感觉良好；但当_____时，他就让我感觉自己不那么好了。

练习7

增强"足够"感

时长：5～10分钟

是否需要记日记：有可能

是否需要伙伴：不需要

练习背景

如果我们寄希望于从别人那里获得"我足够好"的感觉，就会总是害怕失去它，从而产生需求感。如果别人在我们内心制造了一种"我不够好"的感觉，我们会发现自己为了摆脱这种感觉而不断进行调整。

每当我们让这两种想法中的任何一种对我们起作用，并且不对其加以质疑，我们就在植入"我不够好"这一想法，重新催眠自己，认为自己真是这样，加深条件作用的神经通路。不过，我们也可以打断它、减缓它，最终将它转变。当我们遇到某个情绪热点时，我们往往可以在瞬间放开它。

练习说明

你可以通过阅读和记忆来做下面的练习；可以用手机的语音笔记来录音；可以让 E.S.C.A.P.E. 伙伴给你读；或者先做放松和专注那部分，然后睁开眼睛，给自己读这些想法，之后闭上眼睛，充分领会它们。

1. 找个安静的地方，做几次长而缓慢的呼吸，最好是用鼻子吸气，用嘴呼气。如果可以的话，先让呼吸深达腹部，然后再向上扩展到胸部。

2. 使呼气的时间长于吸气的时间，听起来像是一声极其温柔的叹息，就像前面的练习一样。

3. 呼吸时闭上眼睛，并且专注于自己的呼吸，让身体的肌肉放松。

4. 再做几次这种"叹息式放松"的呼吸。

5. 注意脑海中出现的任何想法，但在呼气时，想象把这些想法吹走，把注意力重新集中到呼吸上。

6. 告诉身体要放松。(有时告诉我们的身体放松比告诉我们自己放松更容易)。

7. 再做几次正常的呼吸，让思想集中在内心深处，感受一下内心深处的某个地方，远离平常的世界，超越生活中的各种想法、恐惧和限制。在内心深处感受一种深深的平静，或者至少要感受这种想法。

8. 想做多久就做多久。每次做都会更快、更容易。

9. 一旦感觉平静了一些，或者内心有了这种深度平静的想法，就对自己说三遍下面的话：

　　"'真正的我'足够好，过去、现在是这样，将来也一直会是这样，我不需要以任何方式向任何人证明这点。如果我想去实现一些事情，这很好，但我生来就有'我足够好'的感觉，它先天存在并将持续下去，这一点毫无疑问，不管我是否实现我的愿望。'真正的我'不需要向他人寻求印证。'真正的我'不需要从他人或自己那里获得我不够好、我不行的感觉。现在，在这一刻，'真正的我'足够好，所以我有价值，我行，我存在，我足够好。"

如果你愿意，可以多重复几遍，甚至可以改成你自己的话，让它更有个人意义，但其实具体的话并不重要，重要的是它们带给你的感受，以及能帮助你实现目标。你的目标是"真正的你"，当你能接受这些陈述的有效性时，这些词和短语就会在你需要时回到你身边。它们将成为你内心的自我对话的一部分。你可能会发现刚开始把它们变成"你/你的"更容易、更有效，比如，"真正的你足够好……"等。

任何时候，只要能全心全意地做这个练习，你的进步就会比你意识到的还要大。任何时候，只要你能勇敢地放下从别人那里获得"我足够好"这种感觉的想法，并且能勇敢地放下从别人那里获得"我不够好"的需求或潜意识中的这种欲望，或者不去跟自己进行消极的对话，你就会对自己解除催眠，解除所有条件作用。

任何时候，只要你真实地接触到那个"真正的你"，并提醒自己那个"真正的你"足够好，你就会使那个"你"呼之欲出，并在这样做的过程中向那个已经在那儿等你的未来的"你"迈近一步。

这样做似乎需要花费一些时间，但只要你这样做，就是在减少生活中的压力和限制，所以一天中做几次这样的练习并不算浪费时间，尤其在刚开始的时候。

这里有一个更简单的版本，你可以在一天中任何时候使用。每当你感觉是在从别人那里获得"足够好"或"不够好"的感觉，或者在消极地跟自己对话，让自己产生"不够好"的感觉时，你就可以做这个练习。想象一个大大的红色的"停"的标志，深吸一口气，在呼气时对自己说：

"'真正的我'不需要从别人那里获得'我足够好'的感觉；'真正的我'不需要别人或自己给我'我不够好'的感觉。'真正的我'足够好——过去这样，将来也这样。"

你可能需要多做几次才能产生效果，但第一步往往只是有这个意识，并将想法口头表达出来。

抗拒

如果你觉得这个练习很难，或者感到自己在抗拒它，内心有个声音在说："是的，可是……"没关系。不要忽视它。如果你能坚持下去且超越它，深入到"真正的你"，就这样做。如果不能，你要注意内心的恐惧或抗拒，问问自己："我究竟在害怕什么？"

一定要在日记中把所有回答都记下来，格式如下："我害怕接受'真正的我'足够好，因为……"

这个回答是你的批判思维在说话，它揭示出了你内心的一些抗拒性观念，很可能意味着这已经触发了你的某个其他核心观念（这个我们很快就会讲到），你得以相似的方式来应对它。

S 代表安全（Safeness）

E. S. C. A. P. E. 方法中的"S"指的是安全。对恐惧而言，这个可能更明显一点，因为从根本上说，如果我们感到不安全，就会经历一定程度的恐惧和焦虑，这很正常！但是，让我们感觉到"这个世界对我不是一个安全的地方"的方式有很多种，我正是以这种形式第一次接触到这个想法。[⊖]

我们可能会感到身体上的不安全，但也可能感到经济上的不安全、没保障；还有感情上的不安全、工作上的不安全，等等。无论经历的是哪一种，我们都会感觉无法放松、无法信任别人，因为没有安全感。

旧核心观念2：我不安全（这个世界对我不是一个安全的地方）

我们经历过的某种创伤——无论是在童年时期还是在成年后——将改变我们的人生观，我们将会以不同的方式看待世界，这可能使我们在今后遇到相似的情形时感到不安全、不放心。假设我们生活在一座美丽的大山脚下，一辈子都在仰望这座山峰，可有一天它突然喷发了，变成了一座凶猛的、不可预测的活火山，那我们就永远无法像从前那样放松地生活。

在身体或情感上遭受过攻击的人，往往在这个世界上不会再有安全感，特别是发生下列情形的时候：信任被打破、有人本该照顾他们却未能做到、无人陪伴、环境的突然变化打破了稳定的生活（如父母分开或搬家）。所有这些都会给他们注入一种不安全、不确定的感觉，让他们感觉这个世界不安全。

如果我们是一个孩子，既经历了家庭的混乱，又经历了学校的混乱——甚至更极端的情况，那我们该何去何从？哪里能让我们安全？同样地，我们会感觉到似乎整个世界对我们都是不安全的；随着我们的成长，这种想法可能会延续到其他领域，比如在感情上遭

　　⊖　出自亚尼·金的《信仰的行动》（*An Act of Faith*）一书。

受挫折、在工作和社交方面出现问题等。

当世界不再让我们感觉安全时，我们的威胁反应就可能处于高度警戒状态，我们还可能下意识地寻找不安全的情况，或者期待它们出现。我们可能下意识地选择或吸引"不安全"的人和环境，做出的一些决定和选择也会以某种方式使不安全的循环继续下去。这种模式会不断重复，每次重复时我们都会强化那些基于恐惧的想法，重新催眠自己，重新让自己适应并相信这样做是对的，因为这是经验带给我们的。

只有当我们能打破这种模式，超越经验，应对所有观念，释放所有被压抑的情绪，找到一种新的思维方式时，我们才会拥有新的经历，并信任它们。

我们在这个世界上的安全感也与我们的价值感、价值观和"足够"的感觉有关。如果我们的自我价值感很差，往往就会在各种情况下对自己感到非常不自信。对一些人来说，某些场景是有趣、放松的；但对另一些人来说，这些场景则可能是极具挑战性的，并且会引发威胁反应，所以他们更愿意离开、回家——假设家是一个安全的地方，或者干脆一开始就不到那个场景中。

可以预见，这种观念给我们带来的一个基本结果便是：我们很脆弱，在某种程度上容易受到攻击。感到不安全和容易受到攻击会导致长期的压力和焦虑，并直接影响睡眠及各种身体健康问题、情绪问题。

我们中的很多人都迫切希望在生活中做出改变，因为我们知道目前这些情形对我们不利，但如果这些观念是隐形的，在做出这些改变时我们依然会感到不安全，有时是有意识地产生这种感觉，有时则是在潜意识层面。

比如，如果我们总是从外部获得"足够"的感觉，那么当我们不再有这种感觉时，就可能会觉得不安全，这就使得之前关于对缺乏自我价值进行解除催眠的练习（"增强'足够'感"）一开始就很棘手。

记住，所有的抗拒都源于恐惧，因此如果我们对改变有抗拒，那是因为我们觉得这样做不安全。可能我们得让自己先关注改变是安全的这一想法，然后才能关注改变本身。明白吗？我们很快就会做这方面的练习以说明问题。

我们经常会把不安全的特性投射到一些其实很安全的人或情况上。我们的大脑在通过感官感知到某种东西后，会在内部寻找与其有关的知识和观念，然后反映为以恐惧为基础的记忆或想象，这个过程同样可以使我们把过去的"不安全"经历投射到当前和未来的情况中；但其实，我们现在已经安全了。

如果能够打破这种旧有的条件作用下的反应和行为模式，在自己内心找到安全感和保障，我们就最终能在这个世界上产生安全感，最终能去信任那些值得信任的人，并知道该如何识别他们。我们会发现，我们自己做出的决定和采取的行动会使我们的安全感切实增强；我们终于感到足够安全，可以放松、放手、做自己；而我们的生活经历也会进化，重新带给我们安全感。

这时，当我们在世界中闯荡时，来自内心的安全感就会更深。这并不意味着我们会鲁莽行事，而是意味着我们可以对生活中的人和事——无论是当前真实的、过去回忆中的还是未来想象中的——做出更适当的反应。

其效果便是，我们会体验到更深层次的平静、快乐、自由，并最终体会到更深层次的安宁。

新核心观念2：我是安全的（这个世界对我是一个安全的地方）

当安全感受到挑战时，我们会感觉容易受到攻击，因此就会反击，或者先发制人，主动发起攻击。但是，每当我们进行攻击或产生攻击的想法时，即使是针对他人，其实也是在攻击自己。我们在攻击自己的安全观念，甚至可能在攻击自己的身体和免疫系统。"真正的你"不需要进行攻击。"真正的你"是安全的。

记住，攻击是对威胁或危险的一种反应，所以如果我们产生攻击的想法，肯定是在某种程度上感受到了威胁，认为自己不安全。

每一个攻击的想法（无论是针对自己还是他人）最终都是对我们自身和我们的安全感的攻击。觉得别人不如我们，只能说明我们自身缺乏"足够"的感觉。在身体上、心理上或情感上打击或削弱另一个人，是我们自身处于防御状态的表现——我们之所以这样做，必定是因为感到软弱、不安全或易受攻击。多少战争是由"我不够好"这一观念或缺乏安全感（无论是有形的还是意识形态上的）而引发的？"真正的你"足够好，因此会觉得没必要为了获得"足够"的感觉和安全感而去攻击他人。"真正的你"足够好，因此不需要在精神上或情感上进行防卫，以免受到他人的攻击。

随着这一观念的加强，你会做出新的选择，采取新的行动，这时你所经历的世界就会成为一个更安全的地方。不过，"真正的你"并不会对真正的有形危险视而不见，如果它出现，你仍然能够对一些真正危及生命的情况做出反应，比如，避开一辆行驶中的汽车。但"真正的你"并不会寻找这种危险，期待它或下意识地寻求它。

在平常的日常生活中，"真正的你"在内心深处是安全的，并且能感觉到这种安全，随之而来的是一种深层次的安宁感。

练习8

对安全感的意识

时长：10~20分钟

是否需要记日记：是

是否需要伙伴：自主决定

练习背景

与"足够"的感觉一样，我们的安全感或易受攻击感是生活中许多领域的基础，我们必须意识到这方面的一些观念是如何起作用的，这一点至关重要。

记住，这个练习的目的是帮助你提高这种意识，使不可见的东西变得可见，使潜意识变成意识，这样我们就可以停止下意识的反应，开始有意识地创造变化。

虽然我们现在以一种结构性的方式来做这个练习，但如果你想取得持续、持久的进展，就应该定期参考这个练习并使用它。同样，多长时间做一次取决于你要解决的问题的性质。

练习说明

第一部分

1. 回到日记中的练习1"认识到意义"，找到第三部分。

2. 参考你在每个想到的人旁边所做的感受或情绪笔记，其中P代表积极的感受/意义，F代表消极的感受/意义，M代表积极和消极的感受/意义都有。

3. 现在从安全感的角度来想他们。

4. 如果你把某些人标记为P，即代表积极的感受/意义，那就问自己这种积极的感受是否与他们让你感到安全或帮你增强你的安全感有关；如果是的话，以何种方式？

5. 在日记本新的一页上标上"认识到安全感"，写下那个人的名字，以及如何让你感到安全或增强你的安全感，并寻找所有能让你获得安全感的模式。一定要诚实！例如：

- T. 让我感到安全，因为她从不批评我，我可以做自己。

- D. 让我感到安全，因为他总是在那里，我知道他总是会为我放弃一切。

- V. 让我感到安全，因为每当我失去安全感的时候，她总有办法让我找回安全感。

第二部分

1. 再次参考你在"认识到意义"练习的第三部分中想到的人的记录。

2. 如果你把他们中的任何一个人标记为 F，即表示消极的感受/意义，那就问自己这种感觉是否与他们以某种方式让你感到不安全（恐惧）或容易受到攻击有关。

3. 写下他们的名字，以及他们以何种方式让你感到不安全，并寻找所有让你感到不安全的模式。例如：

- G. 让我感到不安全，因为我不知道她是否会对我发脾气。

- 当 H. 喝酒、骂人时，他让我感到不安全。

- 因为/当_____时，_____（名字）使我感到不安全。

第三部分

如果你标记的是 M，即积极与消极的感受/意义都有，那就写下他们以何种方式让你同时感受到这种混合的情绪。

- 当＿＿＿＿时，＿＿＿＿（名字）使我感到安全；但当＿＿＿＿时，我感觉不安全。

第四部分

1. 让思绪漫游一会儿，寻找生活中所有其他让你此刻感到恐惧、不安或焦虑的人或场景。

2. 对于每一个人，问自己："我在害怕什么？我认为会发生什么？"

3. 在日记中写下回答，内容如下：

- 此刻，当我想到＿＿＿＿时，我没有安全感，因为我害怕＿＿＿＿。

注意 一定不要过滤，一定要把你想到的一切都写下来，即使它让你感觉不舒服。批评和评头论足都是攻击的形式，所以一定要把这些也记录下来。

第五部分

1. 重复第四部分，但要注意所有你主动发起"攻击"或使世界变得对其他人"不安全"的方式，这可能包括身体上的威胁或暴力，或者通过批评、嘲笑和评头论足对他人进行心理攻击，哪怕只是有这种攻击别人的想法，也要记下来。

2. 用类似下面的格式做一组总结性声明：

- 这些是我感到不安全、容易受到他人攻击的方式……
- 这些是我进行自我攻击的方式……
- 这些是我将不安全感外化并最终攻击他人的方式，无论是身体上的、心理上的还是想象中的……

感到不安全及容易受到攻击实际上会带领我们进入另一个核心观念，我们稍后会探讨这个问题，但首先让我们做一个练习来帮助我们增强安全感。

练习9

增强安全感

时长：5～10分钟

是否需要记日记：有可能

是否需要伙伴：自主决定

练习背景

如果我们想要在世界中、在生活中、在自己身上感到更安全，就必须让自己不受任何形式的攻击。否则，威胁反应就会引导我们以一些旨在保护自己的方式思考、感受和采取行动，我们就可能会体验到一些恼人的或令我们感到萎靡的表面症状。

每当我们能够减少或停下各种与攻击有关的想法时，我们自身的安全感就会增强，从而使威胁反应关闭，让自己感到更加平静、安宁，让"真正的我"更多地浮现出来。

练习说明

你可以通过阅读和记忆来做下面的练习；可以用手机的语音笔记来录音；可以让E.S.C.A.P.E.伙伴给你读；或者先做放松和专注那部分，然后睁开眼睛，给自己读这些想法，之后闭上眼睛，充分领会它们。

1. 找一个安静的地方，像之前一样，慢慢地做几次长呼吸，呼气时放松肩膀。

2. 使呼气的时间长于吸气的时间，听起来像是一声极其温柔的叹息，就像前面的练习一样。

3. 呼吸时闭上眼睛，并且专注于自己的呼吸，让身体的肌肉放松。

4. 再做几次这种"叹息式放松"的呼吸。

5. 注意脑海中出现的任何想法，但在呼气时，想象把这些想法吹走，把注意力重新集中到呼吸上。

6. 告诉身体要放松。

7. 再做几次正常的呼吸，让思想集中在内心深处，感受一下内心深处的某个地方，远离平常的世界，超越生活中的各种想法、恐惧和限制。在内心深处感受一种深深的平静，或者至少要感受这种想法。

8. 想做多久就做多久。每次做都会更快、更容易。

9. 一旦感觉平静了一些，或者内心有了这种深度平静的想法，就对自己说三遍下面的话：

"'真正的我'在这个世界上是安全的，是有保障的。'真正的我'不寻求来自他人的攻击，'真正的我'也不寻求来自自己的攻击。'真正的我'是不受攻击的。'真正的我'不需要攻击别人，也不需要攻击自己。'真正的我'不需要任何与攻击有关的想法。'真正的我'是安全的与有保障的，能够放松下来。"

如果你愿意，可以多重复几遍，甚至可以改成你自己的话，让它更有个人意义，但其实具体的话并不重要，重要的是它们带给你的感受，以及能帮助你实现目标。你的目标是你——我们所说的"真正的你"——能感受到一种深层的安宁感、安全感，攻击和防御在这里都是没必要的。你可能会发现，刚开始把它们变成"你/你的"更容易、更有效，比如，"真正的你很安全……"等。

只要你能做到这一点，哪怕是一瞬间，你就能打破原来的条件作用和生活对你的设定，从而增强安全感。如果允许攻击性想法持续存在，你就会重新催眠自己，适得其反。

这里有一个更简单的版本，你可以在一天中任何时候使用。每当你感觉受到攻击或自己产生攻击的想法时，你就可以做这个练习。想象一个大大的红色的"停"的标志，深吸一口气，在呼气时对自己说：

> "'真正的我'不需要来自别人的攻击；'真正的我'不需要来自自己的攻击。'真正的我'不需要攻击别人。'真正的我'感到安全、有保障，能够放松下来。"

同样，你可能需要多做几次才能产生效果，但第一步往往只是在做的时候关注大脑的反应——无论你对这些想法是接受还是抗拒。

抗拒

如果你觉得这个练习很难，或者感觉自己在抗拒它，内心有个声音在说："是的，可是……"没关系。不要忽视它。如果能坚持下去且超越它，深入到"真正的你"，就这样做。如果不能，你要注意内心的恐惧或抗拒，问问自己："我究竟在害怕什么？"

一定要在日记中把所有回答都记下来，格式如下："我害怕接受'真正的我'是安全的，因为……"

这个回答是你的批判思维在说话，它揭示出了你内心的一些抗拒性观念，很可能意味着这已经触发了你的某个其他核心观念（这个我们很快就会讲到），你得以相似的方式来应对它。

C 代表控制（Control）

E. S. C. A. P. E. 方法中的"C"指的是控制。

"那是什么感觉？"当第 1000 名客户（尽管每个人都是独一无二的个体）用与之前的 999 名客户使用的几乎一模一样的词语描述他们大脑中的这种情况时，我就会这样问。"无助、害怕、无法控制正在发生的事情、无能为力。"奇怪的是，每当我听到这句话，总是很高兴，因为这意味着我们已经击中了一个核心观念，他们的生活即将改变。

旧核心观念 3：我无法控制（我无助、无能为力、无法影响所发生的事情）

"我无能为力"是我最初在阅读中了解到这个观念时的形式。从那时起我发现，尽管无力感是其真正的深层意义，但客户很少使用这个说法；"无助"和"失控"的使用频率要高得多。

我们会在特别多的领域感到无助、无能为力和失控：吃、喝、工作、感情、生活。而这一核心观念往往与我们已经探讨过的前两个观念有关：不安全感和无价值感。

如果我感到无助、无能为力、无法控制，就会感到不安全，容易受到攻击或陷入危险；我会因对某件事（不管它是什么）无能为力而感觉自己没用，不够好。

也许我已经数百次听到人们在自然催眠状态下放松下来、陷入回忆时，描述了几乎一模一样的场景："我坐在楼梯上。我能听到我的父母在争吵。他们在吵架。我很害怕。我不知道会发生什么。我想让他们停下来，但我太小。我感到特别无助、无能为力，完全失去控制，我不知道该怎么做，所以我非常害怕，并且感到羞愧。"

在这一时刻，孩子会产生激烈的情绪，注意力高度集中，同时又没有能力来阻止父母争吵或改善局面；这样，"生活本来如此"的观念便在此时深深植入这个孩子的潜意识，对其进行催眠，使其之后以多种方式一次又一次地重现这一模式，这会贯穿他的整个青春期，成年之后亦如此。这个孩子长大成人后，会去寻找那些能重现这些情绪的人和场景，每次都会感到无助、无能为力、失控，因此每次也都会感到害怕或羞愧。他发现自己被某些局面困住了。他试图做出改变，但却对此无能为力，因此让自己感觉更糟糕。

赌瘾、酒瘾、饮食失调、性瘾及任何让我们感到无法控制、无力改变的行为，都很可能以某种方式引发这种核心观念。陷在工作中？困在一段感情中？在飞机、火车或高速公路上感到害怕？这些都是人们在描述感觉陷入困境或失去控制时常见的情况。

如果这对我们来说是一种比较新的感觉，那么我们或许可以看看更多表面上的解决办法；但如果我们对这种感觉很熟悉，好似一个贯穿我们整个生活的重复性模式，那么我们可能就要追溯到我们早期的一些经历，从而为这一核心观念的负面形式创造一个出口。

无论是被施虐者有意困住（比如遭受虐待的情况下），还是某个事故导致自己产生被困住的感觉（比如交通事故、电梯故障或小时候玩捉迷藏游戏时躲在柜子里出不来），我们都会有同等程度的无助或无法控制局面的感觉，这最初会造成恐慌，并且塑造一个涉及激烈情绪的观念。

如果这种被卡住、困住的感觉在生活中持续存在，无法控制和无助感也会导致我们产生"意义何在"的感觉。

根据我的经验，这种被困住、无助、无能为力、失控的观念是许多抑郁症案例的根源所在。因为我们看不到摆脱现状的方法，所以没有积极、可行的未来可供期待，我们对此感到无能为力，最终就会屈服，感到失去意义，在心理上崩溃，最终抑郁。

对抗这种情况的医疗方法是用药物来增加我们大脑中那些让我们感觉快乐的化学物质。虽然我很庆幸能看到很多人的生命因此而得到挽救，但这显然只是一个单一的解决方案。理想情况下，它应该被视为短期措施；在采用它的同时，我们还应找出根本原因并加以解决。

只要出现让我们感到无助、无能为力和失控的情况，我们就需要意识到是哪些想法、感觉或观念导致我们产生这种感觉，并解决出现的所有冲突。

一旦能够认识到造成这种情况的想法，我们就会发现，实际上我们比自己想象的更有力量、更有控制力。因此，随着核心恐惧（即消极形式）变成核心观念（积极形式），恐惧或抑郁就会消失。

走出来后，客户经常会说感觉自己更强大、更有力量，也重新拥有了控制感。

新核心观念3：我强大、有力，我能控制

**案例
研究**　　　　　　**解除多米尼克的抑郁**

最近，我和一个叫多米尼克的年轻人聊天，他已经被焦虑和抑郁折磨了好几个月。他放下了工作，不理睬家人和朋友，想找个地方躲起来。

我们总共谈了大约一个小时。在最初的交谈中，我想知道是哪些核心恐惧在他身上起了作用，造成了他的这种情况。通过询问我在迄今为止所做的练习中教给你们的那类问题，我很快就发现，他所遭受的实际上是恐惧和悲伤的混合体。

几年前，一位跟他非常亲近的姑姑去世了，这对他来说是一个相当大的损失。据我所知，他一直无法处理和解决这个问题。当第二个姑姑最近被诊断出患有类似的疾病时，立刻触发了所有的旧创，他预料到自己将不得不再次从头经历这种损失。

他感到害怕、无助、无能为力，对整个情况无法控制。他唯一能想象到的便是：在凄凉的未来，他将会再失去一个亲人。这一切都变得太过沉重，他退缩了；他无法完全说出内心的想法，无法为自己设想一个积极、可行的未来，他抑郁了。

我做的第一件事是帮助他面对姑姑的去世给他带来的悲痛。如果不这样做，我会很难处理当时的情况，因为在我看来，二者是密不可分的。

我让他用前面提到的那个简单的呼吸法使自己放松下来，并让他冥想，在大脑中追随我们刚才谈论的那些感觉。

他的大脑把他重新带回到与第一个姑姑有关的那些事件中，于是我让他在自然催眠法的"进入"状态下闭上眼睛，用语言表达他迄今为止无法表达的一切，不是把它们当成过去发生的事件来描述，而是使用现在时态，*仿佛再次置身其中*。

他描述了正在发生的一切，但我们仍然没有得到我想要的反应，他的观念并没有转变。于是我带他做了一个练习——如果客户出现任何一种悲伤的感觉时，我都会大量使用这个练习。

我让他想象出一个美丽的、被施了魔法的小树林，在那里他是安全的、受到保护的，他那位已故的姑姑从小树林中走了出来，这样他就能有机会说出任何尚未说出口的话。

我这样做有双重目的。第一，我想让他表达他迄今为止无法表达的东西，包括感激这位姑姑一直在他身边让他感受到爱等。第二，我想帮助他与已故的姑姑建立联系，这样他就能从她的存在中感受到安慰，尽管她已经不在他身边。

这次谈话进行得很顺利，有很多情绪上的释放，有了一个保持联系的想法，解决了一个核心观念——安全感。随着安全感的增强，他不再感到被困住、害怕，而是感到更轻松、更自由，能重新控制自己的感觉和情绪，更能放松并继续生活。

我还教了他"用鼻子吸气/用嘴呼气"的呼吸技巧，他可以随时用这种技巧来感受平静和放松。

几天后，我收到他母亲的信，说他几乎立即发生了转变：他加入了家庭，和家人一道看电视，还和他的弟弟交谈，在这之前，他与弟弟的关系一直有点紧张。

有趣的是，几周后，他经历了一次突然的下滑，他的女朋友生了场大病，又让类似的想法卷土重来，尽管这次的影响没有那么强烈。看到这些模式是如何会重复的了吧？

事后我们发现，他的女朋友的问题不过是一场虚惊。当我在距最初治疗一个月后对他进行简短回访时，他已经回到了工作岗位上，重新开始了正常的生活：会去健身房，状态很积极，生活在继续。在我们之前所做的谈话中，他意识到了自己内心真正的恐惧，释放了被压抑的情感，并使用呼吸技巧来帮助自己适应之后的新反应。这意味着抑郁已经消失。他看起来完全变了个人！

要解决这个情况相对比较简单，只需提出恰当的问题，引出当时真正发生的事情，即真正的恐惧，释放所有被压制或压抑的情绪，然后利用他自己的大脑和想象力创造一个更加积极的内在参照系统。

当他从过去解脱出来，对未来不那么害怕，并且能够看到他对自身和自身感受的控制力比他意识到的要强时，他便感觉自己又重新获得了控制感、安全感，他的信心也回来了。你能看出这些观念是如何联系在一起的吗？

控制产生安全感，而安全感又产生自信（自足）。

注意 当我们感到自己能控制而不需要去控制时，我们就会感觉强大、有力，并能对改变产生影响。一旦我们感觉世界更安全，自我感觉也更好，我们的自尊和自我价值（"我足够好"）就会得到提升。

"真正的你"是强大的，能够掌控一切

"真正的你"比你意识到的更强大。被释放出来的"真正的你"强大、有力量，能控制自己的思想、感觉和情感，能够以不可思议的富有发明性和创造性的方式来应对和适应生活中的曲折。

但是，就像超人遇到氪石一样，如果我们接受了一些让我们无法发挥这种力量的想法和限制，就会感到自己的力量被剥夺，会感到无力、软弱、失控、困顿、无助，尽管我们并不想这样。

这种情况有时会发生在大多数人身上——当我们面临以前可能没有遇到过的困难或者无法立即找到解决办法时——直到我们振作起来，找到前进的道路。

但如果在我们小一些的时候、对性格的形成很重要的那些年，生活将我们催眠，让我们相信生活本来就是这样的，那么这种感觉就会成为我们对一些情况的默认反应（在这些情况下我们可能并不需要产生这种感觉），从而使我们更加感受到并相信无力感是生活的本来样子，它无时不在发生。

人们之所以会产生这种感觉，我遇到的最常见的一个原因是：

他们对生活中的一些事件赋予了不恰当的意义。

目睹父母吵架或经历父母离婚的孩子往往觉得自己有责任却无能为力。这导致他们产生两个错误的想法：一是这是他们的错；二是他们本该做些什么，却什么都没有做。如果他们能在童年的观念层面上意识到这不是他们的错，没什么是他们应该做的，也没人期望他们做什么，这不是他们要解决的问题，那么一种巨大的解脱感往往会随着强烈的情绪释放而涌出。

如果你一直有意识地或下意识地责备自己，而这些事情实际上并不是你的错，也不在你的控制范围之内，那么"这不是你的错"便是你最有强有力的认识之一。

很多性虐待或其他形式的虐待的受害者往往觉得这是他们的错，便以某种方式要求自己不能说"不"或"住手"。在很多情况下，实际上发生的是威胁反应启动，表现为"停住不动"或"讨好"。他们无法与施暴者抗争，也无法逃脱，所以干脆不动，直到折磨结束，或者臣服，"允许"虐待发生。

记住，这是一个下意识的、自动发生的生存反应，并非一个有意识的决定。可是，很多人事后都会在两个层面上感到内疚和羞耻：一层是对刚刚发生的事情，另一层是对未能防止或阻止它发生。若要获得自由，他们就必须释放这两个层面上的内疚和羞耻。

这往往发生在批判思维尚未完全形成的年龄段，因此他们无法从逻辑上驱散这些想法，所以会执行夜总会的门禁政策，邀请更多相同的想法进来，不去对其进行质疑。

结果便是，遭受过这种虐待的人在成长过程中会感觉自己连说"不"的权利都没有；那些让他们产生这种感觉的经历在他们眼里开始变得正常起来，他们会再次有意识地寻求类似体验，然后在这些情况下感觉失去力量、无法控制、无能为力。

无论你发现自己处在何种情况下，"真正的你"就在你心中，它强大、有力、足智多谋，能在正确的地方找到解决方案，或者在没有解决方案的时候放下寻求解决方案的责任。

当你卸下生活抛给你的恐惧和限制时，你就会发现自己依然要面对一切，但却不需要也不渴望去控制了。

现在让我们做一些这方面的练习。

练习 10

认识到控制

时长：10～20 分钟

是否需要记日记：是

是否需要伙伴：自主决定

练习背景

当我们感到强大、有力、能控制时，我们通常会感觉良好；当我们感到软弱、无力、无法控制时，威胁反应就会启动，可能会引发暴怒，如果持续下去，通常会走向反面，让我们变得退缩或困顿，表现得很卑微，甚至会陷入抑郁。无论哪种方式，我们都感觉很糟糕。如果我们站在自动扶梯的底部，可能会害怕，不敢再回到上面，甚至连该怎么尝试都不知道。

如果能意识到这种情况的发生，并认识到这一点，我们就可以做点什么了。

练习说明

第一部分

1. 像前面做过的那样，回到日记中的练习 1 "认识到意义"，找到第三部分。

2. 参考你对想到的人所做的积极反应、消极反应、中立反应或混合反应的标记，感受一下这种"控制"想法是以什么方式在起作用的。

3. 注意那些让你感到软弱、无力和无法控制的人。

4. 注意你是否以任何方式对他人做同样的事情——无论是在想法上还是在行动上。

5. 在日记本新的一页上标记"认识到控制"，写下这个人的名字，以及你认为控制观念以何种方式在产生影响。一定要诚实！例如：

- A. 使我感到软弱，因为我没有为自己挺身而出。
- M. 让我觉得自己很强大，因为他总是按我说的做，我可以控制他。
- G. 让我觉得被困住了，因为我想做我自己，但觉得我必须成为他想要的样子。
- Z. 让我觉得自己很强大、有力量、有控制力。当我需要她的时候，她就在那里；当我不需要她的时候，她又允许我独立。

记住，这个练习旨在提高你对这些想法在生活中的表现方式的认识。你可以对自己绝对地、完全地诚实，不做任何评判。直面问题的反面使你再也不用面对它们并获得解放。

第二部分

1. 闭上眼睛，想一想这种被卡住、被困住、无助、无力或无法控制的感觉。

2. 在内心深处搜索这种感觉的所有熟悉之处，让你的思维与你目前正在经历的或过去所经历的时期、场景和情况相联系。

3. 在日记中记下，你是否是那个感到困顿、软弱、无助、无力或无法控制的人，或者你是否试图通过控制、支配或削弱他人来为自己争取这种感觉。

4. 对于每一个人，问自己："我在害怕什么？如果不这样做，我认为会发生什么？"

5. 在日记中写下你的回答，如下所示，不过你可以随意调整一下措辞，如果这对你有帮助的话。

- 在我感到_____（无助、无力或无法控制）的_____（这种情况）下，我这样做是为了_____；我害怕改变，因为_____。

- 在_____（这种情况）下，我正在_____（控制、支配、压制），我这样做是为了_____；我害怕停止这样做，因为_____。

注意 千万不要筛选，有什么写什么，哪怕你感觉不舒服。

感到软弱、无力和无法控制实际上会导致我们进入另一个核心观念，我们稍后将对此进行探讨，但首先让我们做一个练习来帮助我们增加力量和控制感，但我们并不一定非要去控制。

练习 11

增强你的内在力量和控制感

时长：5~10分钟

是否需要记日记：有可能

是否需要伙伴：自主决定

练习背景

当我们感到软弱、无力和失去控制力时，威胁反应就会被激活，导致我们采取一些防御性、保护性或应对性的行为方式。它可能会使我们延续这种软弱和无力感；也可能会通过在别人身上制造这种感觉来让我们重新获得控制感，给我们一种暂时有力量的幻觉。无论哪种方式，最终，我们都处于防御模式，并不会放松、快乐、自由。

练习说明

你可以通过阅读和记忆来做下面的练习；可以用手机的语音笔记来录音；可以让 E. S. C. A. P. E. 伙伴给你读；或者先做放松和专注那部分，然后睁开眼睛，给自己读这些想法，之后闭上眼睛，充分领会它们。

1. 找个安静的地方，做几次长而缓慢的呼吸，最好是用鼻子吸气，用嘴呼气。如果可以的话，先让呼吸深达腹部，然后再向上扩展到胸部。

2. 使呼气的时间长于吸气的时间，听起来像是一声极其温柔的叹息，就像前面的练习一样。

3. 呼吸时闭上眼睛，并且专注于自己的呼吸，让身体的肌肉放松。

4. 再做几次这种"叹息式放松"的呼吸。

5. 注意脑海中出现的任何想法，但在呼气时，想象把这些想法吹走，把注意力重新集中到呼吸上。

6. 告诉身体要放松。

7. 再做几次正常的呼吸，让思想集中在内心深处，感受一下内心深处的某个地方，远离平常的世界，超越生活中的各种想法、恐惧和限制。在内心深处感受一种深深的平静，或者至少要感受这种想法。

8. 想做多久就做多久。每次做都会更快、更容易。

9. 一旦感觉平静了一些，或者内心有了这种深度平静的想法，就对自己说三遍下面的话：

"'真正的我'无须感到无助、无力和失去控制力。'真正的我'是强大的，有力量的，有控制力的。"

"'真正的我'不需要通过控制别人来使自己感觉更好或更安全。'真正的我'允许别人感觉到自己强大、有力，并能舒适地控制自己。"

"'真正的我'能控制自己，但不会过度控制。'真正的我'无须控制生活。'真正的我'足够强大、有力，能够随遇而安，并在需要时进行调整和进化，以便生存、蓬勃发展。"

如果你愿意，可以多重复几遍，甚至可以改成你自己的话，让它更有个人意义，但其实具体的话并不重要，重要的是它们带给你的感受，以及能帮助你实现目标。你的目标是"真正的你"。

无论何时，只要能全心全意地做这个练习，你的进步就会比你意识到的更大。无论何时，只要你能勇敢地放下通过控制别人来获得控制感的想法，并且能勇敢地放下寻求失控感的需求或潜意识中的这种欲望，你就会对自己解除催眠，解除所有条件作用。

无论何时，只要你真实地接触到那个"真正的你"，并提醒自己那个"真正的你"强大、有力、有控制力，你就会使那个"你"呼之欲出，并在这样做的过程中向那个已经在那儿等候你的未来的"你"迈近一步。

你会减少生活中的压力和限制，所以一天中做几次这样的练习并不算是浪费时间，尤其在刚开始的时候。

这里有一个更简单的版本，你可以在一天中任何时候使用。每当你感觉无助、无力或失去控制力，或者即将让别人产生这种感觉，你就可以做这个练习。想象一个大大的红色的"停"的标志，深吸一口气，在呼气时对自己说：

> "'真正的我'无须控制他人，也无须被他人控制。'真正的我'足够强大、有力，因此能舒适地控制住自己，不管发生什么，我都能调整好自己，我也允许他人控制他们自己。这样很好。"

抗拒

如果你觉得这个练习很难，或者感到自己在抗拒它，没关系。如果能坚持下去，超越它，抵达那种深层的安宁，就这样做；如果不能，要注意内心的抗拒——你知道的，是某种恐惧。问问自己："我究竟在害怕什么？"

一定要在日记中把所有回答都记下来，格式如下："我害怕接受'真正的我'很强大，因为……"

这个回答会揭示出你内心的一些观念，很可能意味着这个想法已经触发与你某个其他核心观念有关的威胁反应，我们得以相似的方式来应对它。

A 代表接受（Acceptance）

接受（Acceptance）构成了 E. S. C. A. P. E. 法中的"A"，我不得不承认，这一点对我个人来说是一个挑战。我刚出生十天就被人收养了，于是出现了和许多有类似经历的人一样的症状：内在的低自我价值感、焦虑、格格不入（就像一个局外人）、分离、隔绝、不适应、不被接受、在这个世界上没有自己的位置，特别是随着年龄的增长，这些感受越来越强烈。对我来说，格劳乔·马克思的那句"我不想属于任何会让我成为其会员的俱乐部"似乎再准确不过了。

旧核心观念 4：我不被接受（我无法融入，没有归属感）

当时在火车站台上，当站台尽头那个人跳下去的时候，我之所以内心如此挣扎，其中一个原因是：我的养父母年轻漂亮，他们深爱着我，可是"我不想属于任何会让我成为其会员的俱乐部——家庭或关系"这个想法似乎在不断破坏我的幸福，我因此感到内心被撕裂了。

我在家庭环境中会感到陷入绝境、失去控制力，而当我离开家庭时，我又会感到彻底解放、自由自在……但又极度孤独……还想回到家庭中去！

"该留下还是该离开？""碰撞乐队"（The Clash）唱道。我的内心不断被这种冲突撕裂，我知道离开简直是疯了头，但留下却给我带来了一大堆的焦虑。

我感觉自己好像不配待在这个可爱的、有爱的环境中，所以待在这里实际上会触发威胁反应——我觉得我应该得到的是不被接受、评头论足、拒绝、分离、孤立、排斥、断联。我经常被那些并不想要我的人吸引，却拒绝那些想要我的人。

很多人可能会在某些压力大的时期一次性地体验到这一点，但对我们中的有些人来说，这种想法可能会成为生活中的一种重复性模式。

"我不被接受"的想法有很多形式。生活中经常会有一些突发事件令我们感到自己与众不同，感到别人不再接受我们，比如父母分离、在学校遭到欺凌、身体或情感上遭到虐待，或者受到性侵。这些事情未能引起注意，也未得到解决。通常的感觉是："我有点跟别人不一样，有点问题，这意味着我不能再得到包容。我现在和其他人是脱离的；我在这里，其他人在那里，必须保持这样的状态。"

有时，由于一些其他观念在作祟，重新与人交流，甚至尝试归属和融入似乎都让我们觉得可怕，所以隔绝、不去融入让我们感觉更安全。但是，尽管我们可能感到安全，但也有孤独感，这就让我们对重新与人交流产生了深切渴望，即便它被有意识地压制或压抑住了。

我们的内心冲突往往是"我想融入、有归属感、与人交流，但我害怕这样做了以后发生的事情。"

很多时候我们把这种恐惧合理化，并把它变成一种力量。在大部分生活中，我一直为自己强烈的独立性感到"自豪"，我有能力应对一切、能独自管理一切，不需要任何帮助，我常常带着一种破釜沉舟、故意作对似的决心来反击，从而"证明"我没问题，并相信脱离常规就是最理想的方式，甚至一想到要成为"正常人"就感到恐慌。

所有这些有时可以而且确实起作用，可以使我们创新，以不同的方式看待问题，利用这种反击的能量来驱动自己继续前进并完成任务；如果换成其他人，早就放弃了。

以前，当我观看苹果公司 1997 年的广告时，我会特别激动，那个广告的开头是：

> 为那些疯狂的人、不合群的人、叛逆的人、制造麻烦的人、方孔中的圆钉子干杯……那些以不同方式看待事物的人——他们不喜欢规则……

特别是前几句，它们给了我一种归属感，甚至是确认感。不合群、质疑规则和能够以不同的方式看待事物，这些都是我非常熟悉的感觉，它们在某种程度上帮助了我，虽然总的来说，我算是一个相当乖巧的叛逆者，因为我也害怕权威！

但这也是一种相当有压力的生活方式。高潮时，你会取得伟大的成就；低潮时，你会蜷缩成一团，躲避世界，不得不为下一次"表演"重新振作起来。可能是在舞台上为广大观众表演；可能是在运动场上将自己推向极限；可能是经营企业、领导团队，或者像参加家庭聚会那样"简单"——聚会上满是爱你、支持你的人（或任何类型的聚会，从技术上讲，没有理由感到害怕），可是你却感觉无法融入。当其他人在放松、玩乐时，我们在内部与威胁反应做斗争，既想与人交流，同时又想跑开。

最初接触到这个观点时，它讲的全是跟交流有关的事，但我发现客户倾向于使用"接受""包容""归属""融入""在这个世界上有一席之地"这样的说法，于是我便对它进行调整，好让它切合自己的经验。

关于人类是社会动物、需要爱和接受来生存和发展的文章已经有很多，但这里的主要目的只是让你意识到"我不被接受"这一观念，以防它一直在你的生活中无形地发挥作用，将自己投射到各种情况或场景中。

认识到这种观念的反面——拼命分离或排斥他人、因为他人与我们不同便对其做出评判——同样重要。这是个"兔子洞"类的话题，但每当我们评判他人或排斥他们，或者试图通过看不起他人来使自己感觉更好时，其实不过是透露出我们自己对排斥和孤立的恐惧。

早在20世纪90年代，当我在一个名为"超级金发女郎"的俱乐部朋克摇滚乐队（后面会详细介绍）演出时，我记得在凌晨时分，我们刚刚在伦敦苏荷（Soho）区中心地带完成了一场演出，这时一个女孩走到我身边。她用双手捧着我的脸，直视着我的眼睛，说："我们这些怪人，我们这些怪胎，必须要团结起来。"虽然一部分的我感受到了"是的，没错，摇滚"这种刺激和冒险，但我突然感觉内心的那个小男孩想躲起来、想跑开，就因为我被认定是这样的人。怎么会变成这样，我离自己心目中的那个充满安全和爱的家庭环境那么远？

俱乐部里的很多人都在享受那个美好的外出演出的夜晚，而有的人却像我一样，正拼命地试图找到一个能让自己有归属感的部落。表面上看，我找到了一个能融入的、属于自己的地方。虽然我在这里很开心，也有一些极其快乐的时光，但其中大部分是由破坏性焦虑所推动的，而这最终逼得我再次崩溃。"真正的我"也不属于那里，以那样的方式。那么我到底属于哪里？没有归属感是可怕的，令人孤独。

然而，当我们最终能够感觉到被接受时——这实际上是对我们自己的接受，我们就发现了自己在这个世界上的真正位置，感觉自己终于属于这个世界、能够融入它，而且无须改变真实的自我，无须为它辩护，也无须因为别人不喜欢我们而对别人做出评判。我们可以接受真实的自己，也可以接受真实的他人。

无论是在内心还是在外部世界中，我们不再那么需要为了接受和能够被人接受而调整自己，不再那么需要去控制，因此我们感到更安全和更有保障。这与更大的自我价值感和自尊心相辅相成，因为我们认识到了我们本来就"足够好"。

新核心观念4：我是被接受的（我有归属感，我有自己的位置，我能融入，就以我的本来面目）

这种对自己和他人的评判和不接受的想法在很多领域都适用——从文化、国籍、宗教和肤色一直到操场上的小团体和办公室政治（仅举几例）。但是，对很多人来说，有一个领域会令他们谈虎色变、陷入是非，甚至会给他们带来挑战，尤其是在青春期及之后，这个领域就是性取向。

"真正的你"能够被接受且已经被接受

如果我们担心自己在某些方面有所欠缺、不够好、与众不同，就会觉得做自己是不安全的，因此不得不为了生存而去调整。很多人在某些情况下正是这样做的，比如在工作中总是抱着"假戏真做"的想法；但对有些人说（为数也不少），这已经成为一种生活方式，不得不在几乎所有情况下调整自身及自己的行为方式。这就让人疲惫不堪了。

"真正的你"是能够被接受的，就以你的真实面目。"真正的你"在进行角色转换——从父母到雇员、从企业主到最好的朋友、从队友到重要的另一半——时是可以调整的，但在这些情况下并不需要调整你自身，它们只是你自身的不同表达而已。

　　每当我们对自己进行评判，都是在强化"我不被接受"这一想法，这通常是因为我们感到自己无法被人接受。这与"我不够好"不太一样，"我不够好"是我们个人的事，而"不被接受"则指的是我们与他人的关系。

　　"真正的你"无须评判真实的自己。有时我们可能需要辨别一下——"我今天的行为不得体，我不会再那样做了"，但我们不需要因此而评判、抛弃自己。你永远不会看到狮子会因未能捕获猎物而抱怨、自责，你也不会看到狮子会因这样做而被赶出狮群。它接受自己的样子，并被接受。但你会看到狮子改变策略，以避免之前的情况再次出现；它们在学习、进化，而不是在指责。

　　"真正的你"也无须评判或指责他人，认为他们是"不可接受的"。这并不意味着我们需要与每个人成为朋友或喜欢每个人，或者宽恕人们所做的一切，但它确实意味着我们可以承认他们与我们的差异，接受他们真实的样子，然后根据合乎逻辑的、理性的思考做出决定，而不是在恐惧的基础上做出反应性思考。

　　每当我们对他人做出评判时，实际上就是在对自己做出评判。只有当我们在某方面感到害怕或试图通过这样做来提高自己的地位时，我们才需要做出评判。顺便说一句，要真正评判一件事，需要从所有的角度、所有的视角了解所有的信息。大多数人所做的是根据自己的一些观念和期望形成某个意见，而正如我们所知，这些观念和期望作为绝对真理的有效性是非常值得怀疑的，因为我们都在很多方面被催眠过。

　　我们可以形成意见，但不能真正去评判。很多时候，我们会感到与众不同、不被接受、不受欢迎、没有位置感或目的感、不属于某个特定群体或整个世界，这是因为我们持有的观点建立在恐惧和对现有信息的有限解释的基础上，并经过了我们的观念的过滤。然而，由于威胁反应具有强大、自动的特性，我们会感觉这是真实的，因此我们的逻辑只能试图与内心那只走投无路的"动物"讲道理，要么战斗，要么逃跑。对此做出反应要比接受这种感觉、花足够长的时间挺过去直至问题得以解决、打破条件作用更容易。

当"真正的你"能够被你接受时，你就会停止评判他人，停止评判自己，就会找到一种与自己和世界和平相处的感觉。

练习 12

认识到接受

时长：10～20 分钟

是否需要记日记：是

是否需要伙伴：自主决定

练习背景

当我们感到被接受时，我们就会感觉自己更强大、更有力量、更有控制感；我们会感觉更安全，自我感觉更好，因此，无论在哪里，无论和谁在一起，都可以放松，更能做自己。意识到我们何时有这种感觉、何时没有这种感觉，可以帮助我们解决生活中可能出现的任何一个由这一点引起的问题。

练习说明

第一部分

1. 像前面做过的那样，回到日记中的练习 1 "认识到意义"的练习，找到第三部分。

2. 参考你对想到的人所做的积极反应、消极反应、中立反应或混合反应的标记，感受一下这种"接受"想法是以什么方式在起作用的。

3. 注意那些让你感到完全被接受、可以做自己的人。

4. 注意那些让你感觉不被接受或让你无法产生归属感的人（无论是有意为之还是无心之举）。

5. 注意你对他人的所有评判方式，比如认为他们是不可接受的、错误的，因此应该被排斥。

6. 在日记本新的一页上标记"认识到接受"，写下这个人的名字，以及你认为"接受"观念以何种方式在产生影响。一定要诚实！例如：

- S. 使我感到被接受，因为我可以做我自己，而且知道这是好的。

- J. 让我感到被接受，但我内心觉得自己不够好，所以不觉得被接受或能够被接受。

- R. 太另类了，我完全不赞成她的生活方式和她所做的事情。完全不能接受！

第二部分

1. 闭上眼睛，想一想这种无法融入、没有归属感、格格不入、疏离、被排斥甚至失去连接的感觉。

2. 在内心深处搜索这种感觉的所有熟悉之处，让你的思维与你目前正在经历的或过去所经历的时期、场景和情况相联系。

3. 在日记中记下你想到的东西，以及它以何种方式与这个想法相关。你是那个感到被拒绝或被抛弃的人吗？还是你在拒绝或抛弃别人？

4. 对于每一条笔记，问自己："我在害怕什么？我为何这样做？它能帮助我实现什么？"

5. 在日记中写下你的回答，如下所示，不过你可以随意调整一下措辞，如果这对你有帮助的话：

- 在_____（这种情况下），我现在正在/当时正在采取这样的行为，因为我害怕_____。

- 我一直在想/过去在想，这将会/会帮助我实现_____。

比如：

- 我一直在逃避集体活动，因为我害怕被人嘲笑。我害怕每个人都会看穿我披着的外衣，看出我其实是个无用之人。

- 通过不参加集体活动或在心里评判他们，我会觉得更安全，更有正义感。但其实我也觉得有点孤独，因为我觉得跟大家疏离了。

对自己诚实至关重要。如果我们因为羞于或害怕承认真相而对真相产生抗拒情绪，甚至对自己也是如此，就会一直停留在威胁反应模式中，什么都不会改变。如果我们诚实，潜意识中的东西就能被我们意识到，我们就可以去解决它，其中的方法包括使用接下来的一些练习。

第三部分

1. 再次考虑这个评判和不接受的想法，让思维扩展到生活中的其他人、情况和事件。

2. 在日记中记下你对自己的一些评判，这些评判可能是导致你觉得自己与众不同或不被接受、无法融入、没有归属感、失去连接感的原因。尽可能多地列出所想到的领域。

- 我与其他人不同，因为……
- 人们不接受我是因为……
- 我并没有真正的归属感，因为……

3. 现在记下你对他人的一些评判，比如不接受他们的真实面目，想拒绝他们或改变他们，包括你可能持有的所有隐秘的偏见。

- 我不喜欢这群人，因为……
- 我觉得很难接受这个人，因为……
- 我不想接受这些类型的人，因为……
- 我认为这些人有毛病，因为……

4. 浏览你在 2 和 3 中列出的清单，明确一下，到目前为止，你的每一个"评判"与哪些核心观念有关，是"足够"、安全还是控制。要对自己特别诚实，注意你所感受到的各种情绪，包括它在你身上造成的所有隐含的（或明显的）威胁。

5. 在日记中总结一下你想到的所有事情，无论它们是多么奇怪或离奇。同样，这样做可以凸显你的观念；这种方式可以让不可见的东西可见，让潜意识中的东西被意识到。比如：

- 我一直认为我无法融入，没人想要我，因为我不够_____。
- 我一直不接受_____，因为他们让我感到_____。
- 我一直对_____进行评判，因为我一直认为_____，这让我感到_____。

注意 当你发现自己对别人评头论足或不接受别人时，请审视一下自己的生活，感受一下，看看是否有什么你不希望暴露在别人面前的地方。如果你评判别人，认为他们是不可接受的，你也会以同样的方式评判自己；你只有能接受真实面目，才能真正接受自己。

在这个领域，无论是对自己还是对他人，如果你感到失去连接、疏离、不被接受、没有归属感、无法融入和恐惧，这实际上会把你引向另一个核心观念，稍后我们就会探讨这个问题。让我们先做一个练习来帮助我们增强对自己和他人的接受感。

练习13

增强接受感

时长：5~10分钟

是否需要记日记：自主决定

是否需要伙伴：自主决定

练习背景

每当我们感到不被接受、不接受自己或不接受他人，就会处于威胁模式。这些想法如果不被质疑，就会强化任何现有的条件作用，使问题长期存在。如果我们能够从生活中消除这种想法，就能与自己和解，与周围的世界和解，并感觉在其中有一席之地和归属感——这就可以了。

练习说明

和前面的类似练习一样，你可以通过阅读和记忆来做下面的练习；可以用手机的语音笔记来录音；可以让 E. S. C. A. P. E. 伙伴给你读；或者先做放松和专注那部分，然后睁开眼睛，给自己读这些想法，之后闭上眼睛，充分领会它们。

1. 找个安静的地方，做几次长而缓慢的呼吸，和之前一样，呼气时放松肩膀。

2. 使呼气的时间长于吸气的时间，听起来像是一声极其温柔的叹息，就像前面的练习一样。

3. 呼吸时闭上眼睛，并且专注于自己的呼吸，让身体的肌肉放松。

4. 再做几次这种"叹息式放松"的呼吸。

5. 注意脑海中出现的任何想法，但在呼气时，想象把这些想法吹走，把注意力重新集中到呼吸上。

6. 告诉身体要放松。

7. 再做几次正常的呼吸，让思想集中在内心深处，感受一下内心深处的某个地方，远离平常的世界，超越生活中的各种想法、恐惧和限制。在内心深处感受一种深深的平静，或者至少要感受这种想法。

8. 想做多久就做多久。每次做都会更快、更容易。

9. 一旦感觉平静了一些，或者内心有了这种深度平静的想法，就对自己说三遍下面的话：

> "'真正的我'是能被接受的，可以感觉到被接受，就以我的真实面目。'真正的我'能够融入、有归属感，就以我的真实面目。'真正的我'无须评判、拒绝或排斥他人。'真正的我'接受别人的真实面目，允许他们与众不同，并因此将我从对自己与众不同的评判中解放出来。"

如果你愿意，可以多重复几遍，甚至可以改成你自己的话，让它更有个人意义。但正如前文所言，其实具体的话并不重要，重要的是它们带给你的感受，以及能帮助你实现目标。你的目标是一种完全接受自我的感觉，因为这正是"真正的你"所拥有并感受到的。

无论何时，只要能全心全意地做这个练习，你的进步就会比你意识到的更大。无论何时，只要你能勇敢地放下不被接受的感觉，并且能勇敢地放下寻求不被接受感这种需求或潜意识中的这种欲望，你就会对自己解除催眠，解除所有条件作用。

无论何时，只要你真正停止对自己和他人的评判，真实地接触到那个"真正的你"，并提醒自己那个"真正的你"完全可以被人接受，你就会使那个"你"呼之欲出，并在这样做的过程中向那个已经在那儿等候你的未来的"你"迈近一步。

你会减少生活中的压力和限制，所以一天中做几次这样的练习并不算是浪费时间，尤其在刚开始的时候。

这里有一个更简单的版本，你可以在一天中任何时候使用。每当你感觉自己受到评判或不被接受，每当你感觉自己在对自己进行评判、不接受自己，或者每当你评判别人、不接受别人，你就可以做这个练习。想象一个大大的红色的"停"的标志，深吸一口气，在呼气时对自己说：

> "'真正的我'无须评判他人或感觉被他人评判。'真正的我'接受自己，也接受他人。"

抗拒

如果你觉得这个练习很难，或者感到自己在抗拒它，没关系。

如果能坚持下去，超越它，抵达那种深层的安宁，就这样做；如果不能，要注意内心的抗拒——你知道的，是某种恐惧，看看能否识别它。问问自己："此时我对接受自己或让自己感到被接受有什么恐惧？如果这样做，我担心会发生什么？对于接受他人，我害怕的是什么？"

一定要在日记中把所有回答都记下来，格式如下："我害怕接受'真正的我'，害怕让自己产生被接受的感觉，因为……""我害怕接受_____（他人），因为……"。

这个回答会揭示出你内心相冲突的一些观念，可能与我们现在需要意识到的第五个，也是最后一个核心观念有关。

P 代表快乐（Pleasure）

在我们的 E. S. C. A. P. E. 法中，第五个字母"P"代表的是快乐。《牛津英语词典》将快乐定义为："一种幸福的满足感和享受感。"而痛苦则与之相反，通常与一些非常不愉快的事情和折磨联系在一起。其实你可能已经猜到，这第五个也是最后一个核心观念与恋爱有关。

"爱等于痛苦"便是我对这个核心观念的最初了解，即它的负面形式，当时我立即便理解了这个概念。其反面——快乐——对我来说似乎是一个奇怪的概念，因为在那之前，毫不夸张地说，我在恋爱中的互动相当混乱，我的感受在"沉浸在爱中"的令人振奋的高潮和（似乎不可避免的）恐惧、焦虑、伤害、痛苦、折磨、拒绝和挣扎的低谷之间摇摆不定。

旧核心观念5：爱等于痛苦

虽然我们中的一些人似乎有幸拥有幸福、甜蜜的爱情，但对有些人来说，恋爱简直是个险恶的战场！当然，并非只有亲密伴侣间才会有爱，家庭成员、朋友、同事甚至是擦肩而过的陌生人之间也会有爱，比如，在需要的时候给予充满爱心的帮助——可能是一个简单的手势或只是一起哈哈一笑。

这里提到的"爱"并不一定意味着"沉浸在爱中"，而更多意味着与另一个人或其他人的连接感。对于我们这些有着"爱等于痛苦"的观念的人来说，恋爱和与他人的联系似乎被设定为痛苦和困难——无论是由他人从外部造成的还是由我们自身造成的，这样就破坏了某种美好的东西。我们与他人关系的最大蓝图来自于我们的早期教养。父母或其他权威人物如何彼此相处，以及他们如何与我们相处会对我们进行设定，让我们感受到并相信那就是"应有的样子"；而且正如我们所知，我们会有意识地和下意识地寻找一些人和情景来重复这些模式。

就我自己而言，我最早的、强有力的关系上的体验可能是收养分离：我十九岁的亲生母亲在我出生后照顾了我十天，然后不得不把我交给护理人员，在接下来的三十五年左右的时间里都没有来见我。现在，知道了整个故事后，我完全理解她，并对她感到非常同情，因为她在很大程度上也是被迫做出这个决定的。

但在1965年时，我只是一个躺在收养所里的十天大的婴儿，我只能想象我和其他与我在一起的孩子们完全被吓坏了，感觉被抛弃、被拒绝，与母亲隔离开来。"没人要""没人爱"和"失去连接"就是我们在回忆过去的非语言的感受时所能想到的全部词汇，但这些经历为我们的生活埋下了伏笔，我们在不知不觉中被催眠，并被设定要去寻找各种方式来得到相同的感觉。我们怎么知道对我们来说"那个人"是什么感觉？就是那个不想要我们的人！

所以，我们最终会寻求与那些不想要我们的人谈恋爱，而却拒绝那些想要我们的人，这就让恋爱关系有时变得非常艰难，或者具有挑战性。与此同时，"爱等于痛苦"的错误想法还会继续存在。

当我发现我的生母在寻找我时，发生了一件我觉得特别奇怪的事。我一直都知道自己是被收养的，这从来都不是一个问题，在我看来，我的"收养家庭"就是我的家庭，父母、姐妹、祖父母都是我的家人。我从未怀疑过这一点，实际上我是在一个非常有爱的环境中长大的——有时会有一些压力、感到紧张，但我总能感受到被爱。可是，在我三十五岁时，我读到社会服务机构给我的一封信，那是我的生母写给我的，这时一个来自内心深处的声音在我的大脑中震耳欲聋……"有人爱我！"这完全没有道理，因为我身边一直有非常爱我的家人和朋友，但在内心深处的某个地方——可能从刚出生十天左右开始——我的另一部分显然有不同的观点。我提到这一点是为了强调这些想法会藏得多深，完全存在于潜意识层面。

当然，被收养者并不是唯一经历这种情况的人。那些经历了父母分离的孩子也会吸收父母的挣扎和分离时的痛苦，然后下意识地寻求或期望在自己的生活中发生同样的事情以重现这种模式。事实上，只要我们以某种方式感受到关系中的痛苦或伤害——此时我们容易受其影响，并且无法理智看待它，就有可能建立起一种模式，我们就会在生活中运用"爱等于痛苦"的想法。以下是人们在寻求我的帮助时告诉我的一些常见的情况：

- 无爱的、不专心的母亲。

- 缺席、冷漠的父亲。

- 兄弟姐妹得到或要求得到所有的关注。

- 家人酗酒。

- 具有暴力或攻击性。

- 由精神疾病引起的不稳定行为。

- 父母与子女的角色颠倒。

- 被兄弟姐妹、老师或同学欺负。

- 由背叛、破坏信任和性侵造成的创伤。

- 被送至寄宿学校或福利院。

所有这些都告诉我们，爱与关系涉及痛苦、伤害、挣扎、损失和背叛，它们会延续到我们今后的生活中。

小时候经历过创伤和虐待的人曾无数次告诉我，伤害、痛苦和折磨是他们在关系中所知道的一切，直到我们能够进入这些观念和所有被压抑的情绪，并对他们催眠，让他们在潜意识中放下这种思维和感受，他们才能体验到其他东西和更有爱的东西。

还有人告诉我，如果他们最终发现自己与一个有爱的伴侣在一起，这种关系就会引发他们的焦虑和不适；他们会表现出不理性的行为和情绪波动，自己把痛苦和伤害带到这段关系中，在潜意识中鼓励有爱的伴侣以他们一直期待的那种痛苦、冷漠的方式对待他们。（我自己也有过这样的经历，也做过这样的事情。）

我曾无数次听到人们对我说："我终于找到了爱我的人，我想和他在一起，但我害怕我会把他们送走。"

更糟糕的是，这种情况已经发生了，他们毁灭了原本可以很甜蜜的结合，再次孤身一人。

"爱等于痛苦"让我们感到心痛、悲伤、失落、孤独、空虚、受伤、焦虑、内疚等，而对被以这种方式伤害的恐惧往往是导致我们表现出看似不合理的行为的原因，但当我们明白这只不过是威胁反应在试图保护我们或制造我们熟悉的感觉时，这就非常合理了。

我们是否受制于过去？不！我们能打破这些循环吗？是的，绝对可以！当我们剥开一层层恐惧和限制，让"真正的你"更多地显现，你就会在你的关系中体验到更多的幸福、满足、享受和快乐。

新核心观念5：爱等于快乐

"真正的你"——那个心无恐惧、不受限制性想法束缚、不接受生活的负面设定的你——生来就知道"爱等于快乐"。"真正的你"显现得越多，你就越能在关系中体验到快乐——一种幸福、满足和享受的感觉。

这并不总是容易的，因为我们的关系会引发一些极大的伤害和痛苦，但如果我们也能看到这些伤害和痛苦为我们提供了极大的发展机会，就能利用种种困境为自己带来好处。我们所感受到的"痛苦"将引导我们找到我们的观念，如果我们能够面对我们发现的任何东西并应对它，那么即使是最大的伤害也可以成为改变的催化剂。我并非在说应该主动寻求这种情况，但如果它发生了，我们就应该利用它。

顺便说一句，虽然有时需要做出改变，但如果我们目前已经处于某个关系之中，不一定总是要脱离这个关系来获得我们觉得当前缺乏的东西。

通常，当我们形成一种新的思维、感觉和行为方式时，我们就会在周围的人和与我们接触的人身上看到不同的行为和态度。不过有时候，随着我们自身的进化，我们会自然而然地以某种方式迈步向前——无论是找到新工作、新朋友还是其他什么。

无论发生什么，当我们开始在内心深处更多地关注"爱和关系与快乐有关"这一想法时，我们所处的状况最终就会反映出这一点。

但是，就像生活中的所有问题一样，首先我们需要意识到正在发生什么，这样才能打断原先那个由潜意识对我们做出的设定，引入新的、更令人满意的理想目标。

练习 14
认识到关系中的痛苦或快乐

时长：10～20 分钟

是否需要记日记：是

是否需要伙伴：自主决定

练习背景

俗话说"爱让人受伤"，但其实无须如此。如果我们生活在"爱等于痛苦"的口号中，就会找到方法来体验它；如果让"爱等于快乐"成为我们的口号，古老的痛苦就会消失，我们会发现有人进入我们的生活，将这种更积极的想法反馈给我们。

不过首先，我们需要认识到这一点。

练习说明

第一部分

1. 像前面做过的那样，回到日记中的练习 1 "认识到意义"，找到第三部分。

2. 参考你对想到的人所做的积极反应、消极反应、中立反应或混合反应的标记，感受一下这种"爱等于痛苦"的想法是以什么方式在起作用的。

3. 注意你在想到每个人时使用的词语，在日记中他们的名字旁边写下来。比如：

- J = 善良、有爱心、热心
- L = 烦人、愤怒、不值得信任
- G = 冷漠、疏远、像一堵石墙
- C = 虚弱、软弱、无用

第二部分

1. 进一步扩展这个想法。在日记本新的一页中列出那些在生活中与人发生接触的主要领域："家庭""工作""社交""其他"。

2. 对于每一个领域，闭上眼睛片刻，找出所有让你产生挣扎、挑战、困难或缺爱的感觉的领域，然后在内心中感受、寻找所有"爱等于痛苦"的想法在起作用的领域。也要在内心感受、寻找相反的情况，即"爱等于快乐"、与他人的关系和联系让你感觉良好。在列出的这些领域的旁边记下可能与其最相关的感受："痛苦"或"快乐"。

3. 让大脑与目前正在经历的或过去经历过的一些时期、场景和情况联系起来。不必想到每个人——那些与本练习有关的、有意义的人会自然而然地出现在你的脑海中。

4. 在日记中记下每个人的名字，以及与这些关系相关的任何具体词汇。比如：

- 当_____（名字）表现得像_____（描述行为）时，我感到_____（描述感觉）。

5. 同样，要诚实地说出你的内心感受和想到的词语，哪怕它们令你吃惊或震惊。

6. 完成后，注意是否有重复的词或短语（积极的和/或消极的）；如果有，将其圈出。

这将有助于让你更清楚地意识到是否有什么观念（有意识的或潜意识中的）在运作。如果你希望打破某种消极模式，这一点很重要。

第三部分

最后，把你在本练习第二部分的回答中注意到的所有模式都写出来，问自己一个问题："_____（这种感觉）在几个不同的人身上同时出现，所以我可能带有一种观念，或者习惯性地给我的经历赋予意义，让我产生这种感觉。我想知道这种观念或意义是什么？"

把所有能想到的东西都记下来，但不要坐在那里绞尽脑汁地拼命要想出什么。让它自然而然地发生，或者你先走开，回头再来。

记住：这个练习不光是为了寻找消极模式。如果你发现自己在努力识别令你痛苦的关系模式，很可能实际上你的模式非常积极，因此你根本无须去质疑它们。

第四部分

如果你在做这些练习时意识到自己似乎在回避某些情况或关系，看看是否能识别任何引发这种回避的恐惧。比如：

- 我不想再谈恋爱了，因为谈恋爱太伤人了，我最后总是很痛苦。（这是一个以经验为基础的观念、观点。）
- 我不要＿＿＿＿＿＿（描述你在逃避的东西），因为我害怕＿＿＿＿＿＿（描述这种感觉）。

起初这可能显得有点消极，但请记住，在正确的层面上识别恐惧和限制是真正和持久改变的关键。我们后面会参考这些答案，告诉你如何做才能开始有新的体验。现在，我们还在沿 U 形流动图的左边滑下，挖掘土地，培好土，并在这个过程中带出一些杂草，然后才能开始种植出我们想要的东西，转而向上，到另一边去。

练习 15
提升"爱等于快乐"的感觉

时长：5～10 分钟

是否需要记日记：有可能

是否需要伙伴：自主决定

练习背景

当生活让我们知道"爱等于痛苦"时，我们会想办法把它带入我们的关系中；如果我们能提醒自己爱真的与快乐有关，就能找到更大的幸福、满足和享受。

练习说明

你可以通过阅读和记忆来做下面的练习；可以用手机的语音笔记来录音；可以让 E. S. C. A. P. E. 伙伴给你读；或者先做放松和专注那部分，然后睁开眼睛，给自己读这些想法，之后闭上眼睛，充分领会它们。

1. 找个安静的地方，做几次长而缓慢的呼吸，和前面一样，呼气时放松肩膀。

2. 使呼气的时间长于吸气的时间，听起来像是一声极其温柔的叹息，就像前面的练习一样。

3. 呼吸时闭上眼睛，并且专注于自己的呼吸，让身体的肌肉放松。

4. 再做几次这种"叹息式放松"的呼吸。

5. 注意脑海中出现的任何想法，但在呼气时，想象把这些想法吹走，把注意力重新集中到呼吸上。

6. 告诉身体要放松。

7. 再做几次正常的呼吸，让思想集中在内心深处，感受一下内心深处的某个地方，远离平常的世界，超越生活中的各种想法、恐惧和限制。在内心深处感受一种深深的平静，或者至少要感受这种想法。

8. 想做多久就做多久。每次做都会更快、更容易。

9. 一旦感觉平静了一些，或者内心有了这种深度平静的想法，就对自己说三遍下面的话：

> "'真正的我'不寻求痛苦的关系；'真正的我'寻求有爱的关系，邀请有爱的人进入我的生活，发现他人身上有爱的品质。"
>
> "'真正的我'把爱和关系与快乐等同起来。'真正的我'就是爱。"

如果你愿意，可以多重复几遍，甚至可以改成你自己的话，让它更有个人意义。但正如前文所言，其实具体的话并不重要，重要的是它们带给你的感受，以及能帮助你实现目标。

这是否意味着你明天醒来的时候会觉得自己进了某个酸奶和新鲜水果的广告中：置身于闪闪发光的白色厨房，面前是五颜六色的食物，你在微笑，穿着耀眼的白色衣服，洁白的牙齿闪闪发光，阳光透过窗户洒进来？谁知道呢！但必将发生的是：你会打破消极期望这种旧模式，对旧的思维方式埋下怀疑的种子，为新的东西铺平道路。这个新的东西可能是新的人，也可能是与现在的人的新联系，或者两者都是。

这里有一个更简单的版本，你可以在一天中任何时候使用。每当你感到与任何一种关系相关的"痛苦"时，想象一个大大的红色的"停"的标志，深吸一口气，在呼气时对自己说：

> "'真正的我'寻求有爱的关系，邀请有爱的人进入我的生活，引出在他人身上有爱的品质。"

抗拒

如果你觉得这个练习很难，或者感到自己在抗拒它，没关系。但是，你要看看自己能否识别这种抗拒，并且问问自己："此时我对接受有爱的关系有什么害怕的？"

一定要在日记中把所有回答都记下来，格式如下："我害怕接受'真正的我'现在能拥有幸福的、有爱的、快乐的、令人满足的、愉悦的关系，因为……"

如果你的回答真的与其他核心观念有关，也不要惊讶。比如，我们中的一些人害怕考虑有爱的关系，因为他们觉得自己不够好，不配得到它，或者它不能让他们感到安全，或者他们可能觉得失去控制，或者害怕不被接受，反而被拒绝。

随着探索的不断深入，你会发现所有这些观念是如何相互关联的，但现在，让我们来看一下 E. S. C. A. P. E. 法的最后阶段，它描述了我们在"足够""安全""控制""接受"和"快乐"这前五个关键领域中的任何一个领域取得进展后，将会体验到什么。

E 代表开悟（En-lightenment）

在佛教中，开悟通常被称为"苦难的终结"，每当我与客户进行一对一治疗时，我经常要在治疗过程中检视一下他们的感觉，从而了解我已帮助他们缓解了多少"痛苦"。要想获得诚实、直接的答案，最简单的一个方法便是请他们注意自己身体的感觉，他们的身体会对意识和潜意识中的想法做出反应。甚至可以说，身体也许就是潜意识，因为有时看起来确实如此。

每当我帮助客户缓解了他的一个旧核心观念（无论他们是在生活的哪个领域寻求改变），并且使他能感受到更真实、更积极的自我时，我都会注意到，他们通常都用这种方式描述事后身体的感觉：**"我感觉更轻松、自由，就像卸下了重担。"**这种情况发生的频率太高了，所以后来我干脆用这种方式来衡量治疗进行得如何。如果他们感到更轻松、自由——开悟了——我们就取得了成功；如果没有，我们就还得努力。

当我带领学员学习 E. S. C. A. P. E. 法时，我感觉开悟正是我所追求的结果，也是我写这本书的目的之一。至少我想帮助你取得进展或让你更加关注它；最理想的便是让你自己对此有深刻的感受。

如果回想一下那个 U 形流动图，你会发现其中一个挑战就是要弄清楚我们究竟需要在哪个层次上运作，才能带来期望中的变化。我把核心观念放在最下面，作为基础，可是，当我们开始把这些运用到生活中的具体领域时，你会发现它们在各个层面都在发挥作用——从表面症状到各种观念再到你持有的全部创伤性记忆，甚至更深。如果你回想一下我们围绕"足够""安全""控制""接受"和"快乐"所做的练习，就会明白这些就是我在第一次与客户进行一对一交谈时要寻找的想法。

有时，视角上的一个简单转变就足以促进变化，帮助客户感到更轻松、更自由，并帮他们放下负担；有时，我们则不得不带着客户挖掘一些令其情绪激烈的回忆和观念。如果客户经历了很大创伤或不安，我们可能要做好几次，每次都要清理不同的层次。

我们可能会从清理过去开始，然后逐渐过渡到一些更注重解决问题的方法——只要创伤得到缓解，我们就可以只在表面上进行微调。或者，反过来说，随着客户的生活状况越来越好，我们可能需要逐渐深入才能到达我们要去的地方。这一切都要视个人情况而定。

当你自己做这些练习和后面的练习时，你可能会发现自己也有类似的经历。

记住，其实我们从来不需要挖掘过去，因为实际上我们感兴趣的只是过去带给我们的影响，但以这种方式释放压抑的情绪可以很快带来深刻和持久的转变，创造我们所寻求的轻松感。

不管以哪种方式进行这个过程，只要能识别并释放某个限制性想法，我们就能远离生活中的条件作用和限制，将自己从生活对我们的设定中解救出来，成为我们生来就应该成为的那个人。那个一直在耐心等待被发现或重新发现的"真正的你"，终于可以"E. S. C. A. P. E."（逃跑），获得自由。

有时，我把它描述为就像你一直给生活戴着一副滤镜，但现在你把这副滤镜摘下来了；摘下它后，你突然有了全新的经历，而这个经历之前一直存在，只是被过滤掉了，直到此刻之前似乎还未出现。或者，反过来说，这就像给你配了一副新眼镜，让你在这么长时间以来第一次能看清东西！

真正的你是开悟了的

感觉"开悟"并不是为了逃避生活而到达一种深邃的神秘状态，而是要放下恐惧、限制、错误的观念、幻想、怀疑和条件作用下的反应，以便能完全拥抱生活。

由于在各种层面出现威胁反应和条件作用，"表面上的你"一直在做出反应且进行适应，但你其实也可以在日常问题流中体验到快乐和幸福的时刻，其强度因你的个人情况而异。

"真正的你"是开悟了的；同样，你并非因为达到某种神秘的状态而开悟，而是自然而然地就开悟了，它是一种内在的、固有的状态。为了体验这种感受，我们只需清除那些一直让我们产生与其相反的感受的想法。通过一步步挑战和改变我们的核心观念、面对恐惧、感受我们的真实感受、关注我们的真实面目，一切都开始改变。我们的感觉不同了，更轻松了，更自由了，而这一切都散发到我们生活中的各个领域，影响我们的思维、感觉和行为方式，以及我们做出的选择和因此而产生的结果。

是否总是要通过 E.S.C.A.P.E. 法才能感受到这一点？完全不是。我只是给你一个结构，让你遵循它，而这个结构实际上流动性很强，对自发性和无尽的可能性敞开。但无论它如何产生，一个或多个核心观念的转变总是先于开悟。

在自助治疗时，虽然有时我们会有极大的飞跃，但通常会更温和地展开，是一种缓和、一种放手，好让那些以前困扰我们的东西变得无害或无意义，甚至可以说变成一种遗物，就像在一个炎热、晴朗的日子里脱掉一件自己不再需要的旧的厚大衣。

我花了很长时间来试图逃离现有的东西，以便找到另外的东西，更丰富的东西。肯定有需要改变的时候，但我花了这么长时间才意识到，"真正的我"——那个我拼命寻找的"另一个我"，一直都在镜子中、在我遇到的每个人的眼中盯着我。我只需以正确的方式去看他。

"真正的你"是开悟了的，快乐、自由，他也在镜子中、在你遇到的每个人的眼中回望着你。你也一样，只需要以正确的方式去看他。

我们还需要做一个练习以进一步巩固到目前为止得到的那些想法，然后我们就可以讨论如何进行下一步，将这些有时看起来高深莫测的概念与日常生活中的细节和具体情况联系起来。

练习 16

增强开悟感

时长：5~10分钟

是否需要记日记：有可能

是否需要伙伴：自主决定

练习背景

当我们把核心观念中的任何一个由消极转变为积极，并将其应用于生活中那些一直困扰我们的领域，从前的痛苦就会得到缓解，我们就会感到更轻松、更自由。

练习说明

和前面的练习一样，参照说明来做，按照你认为最适合你的方式进行练习。

1. 找个安静的地方，做几次长而缓慢的呼吸，和前面一样，呼气时放松肩膀。

2. 使呼气的时间长于吸气的时间，听起来像是一声极其温柔的叹息，就像前面的练习一样。

3. 呼吸时闭上眼睛，并且专注于自己的呼吸，让身体的肌肉放松。

4. 再做几次这种"叹息式放松"的呼吸。

5. 注意脑海中出现的任何想法，但在呼气时，想象把这些想法吹走，把注意力重新集中到呼吸上。

6. 告诉身体要放松。

7. 再做几次正常的呼吸，让思想集中在内心深处，感受一下内心深处的某个地方，远离平常的世界，超越生活中的各种想法、恐惧和限制。在内心深处感受一种深深的平静，或者至少要感受这种想法。

8. 想做多久就做多久。每次做都会更快、更容易。

9. 一旦感觉平静了一些，或者内心有了这种深度平静的想法，想一想这五个核心观念；想象一下，如果这些陈述现在是真实的，是积极的，生活会给你带来怎样不同的感觉。

积极版

尽管直到现在我可能还难以接受或相信……

"真正的我"⊖足够好——是值得的、正当的——就以我的本来面目，就在这里，就在现在，毫无疑问，甚至在我做了那些为赢得权力或证明我足够好而需要做的事情之前，我就是这样的。

⊖ 在对自己重复这些陈述时，如果将"我"改为"你"让你感觉更舒服也可以，至少一开始是可以的。

"真正的我"是安全的，能够向外投射，因此世界对我来说是一个安全的生活、工作和活动的场所。

"真正的我"感到安全，甚至在我做了那些为了有安全感而需要做的事情之前就已经如此。

"真正的我"强大、有力量、有控制感，能够适应生活中的曲折并做出相应调整。

"真正的我"感觉能舒适地进行控制，甚至无须对自己、他人或生活进行过度控制。

我可以接受"真正的我"，因此，"真正的我"感到被接受、能融入、有归属感、有自己的位置、有目的、有连接感，就像我现在这样。

我可以张开双臂欢迎"真正的我"，并非置真实面目于不顾。正是因为我有那样的真实面目（想想看），我不需要改变任何东西，因此感觉同样能被生活接受。

"真正的我"知道爱是快乐，并寻求能反映这种快乐的关系和联系。"真正的我"甚至不必牺牲自己，就能在关系中找到幸福、满足和感到享受。

我摆脱了恐惧和限制的沉重感，摆脱了对不够好的恐惧。

我摆脱了对来自"外面"不安全世界的攻击的恐惧，摆脱了对失去控制的恐惧。我摆脱了对判断和排斥的恐惧，摆脱了"爱等于痛苦"的想法。

"真正的我"已经开悟、自由，能完全去爱和拥抱生命及它所提供的一切。

如果你愿意，可以多重复几遍，甚至可以改成你自己的话，让它更有个人意义。但正如前文所言，其实具体的话并不重要，重要的是它们带给你的感受，以及能帮助你实现目标。

这里有一个更简单的版本，你可以在一天中任何时候使用。每当你感到有压力、紧张时，就想象一个大大的红色的"停"的标志，深吸一口气，在呼气时对自己说：

> "'真正的我'无须有这种感受。'真正的我'能感觉轻松、自由，无论我是否准备好允许这种感觉出现。"

如果我们"允许"它出现，我们就像是那个俱乐部的老板所做的那样，其实是在改变门禁政策，这样那些之前被我们的批判思维拒绝的想法就能被放进来了。

抗拒

如果你感觉有任何抗拒，没问题。你有时可能需要大量重复和高度专注才能改写自己被设定的、在条件作用影响下的一生。但是，你当然不希望只是不断试图在一个下行的自动扶梯上向上跑。在接下来的练习中，你要设法进一步化解抗拒。有一样东西会导致我们对改变产生抗拒，不允许自己这样做——即使我们知道有什么出了错、对我们无益，这就是身份的丧失。我们将在下一章中讨论这个问题。

你是谁？你的真实身份是什么？

如果再回到那个 U 形流动图，你会发现：所有这些不同的元素——从核心观念到生活经历、再到个人观念及由此产生的思想、情感、情绪和行为——形成了一个完整的身份。

当我们寻求改变时，身份真的很重要，因为我们的行为几乎总是遵循我们的身份；如果我们试图改变一些与旧的身份相违背的东西，就会使我们产生抗拒，阻止我们到另一边走完 U 形流动图。

可是，身份的真正含义是什么？

有个定义是：身份是世界识别我们的方式，比如，我们的名字便是我们的身份的一部分，很多人在改变世界看待他们的方式时，会改掉他们的名字。这可能是在经历人生重大转变时做出的永久性改变，也可能是在每天扮演不同的角色及在家庭、社会和工作中曲折前行时做出的暂时性改变。

正如我前面提到的，早在 20 世纪 90 年代初，我就是一名吉他手，我效力的另一个乐队是戏剧感十足的朋克摇滚乐队"乔纳与嚎叫"（Jonah and The Wail）。在舞台上，我留着漂白后的金发，穿着皮夹克，吉他低垂在胯部，被闪光灯、烟雾和噪声包围着。他们介绍我时说我是"怪物"！现在看来很滑稽，但这些很适合当时的情景，我在舞台上的行为也遵循了这一身份——大摇大摆、傲慢无礼、咄咄逼人、充满挑衅。

但是，如果我在这个环境之外——比如在牙医那里——使用这个名字或身份，我就会觉得很可笑："早上好，怪物先生，我们今天能为你做什么？""呃，请叫我安德鲁。"

很多人都会有一个"外部身份"以帮助自己应对或处理各种情况。我们可能会认同某种类型的音乐或文化；在穿着打扮上，我们可能是想融入，可能是想给人留下深刻印象，可能是为了让人震惊，也可能是为了隐身。

事实上，我们可能会拥有多种"外部身份"，这取决于我们的核心观念如何发挥作用。

当然，所有这些外部身份都是可以的，但它们往往是暂时的、易逝的。对我来说，登台表演的高潮之后，往往是可怕的低谷，我会产生羞耻感、自我厌恶、很想躲起来。我认为这是因为我缺乏自我价值感，从而造成了一种身份上的冲突：外表上我表现出的是一种情况（斗争），但内心却是另一种情况（逃避）；我还会在这两个极端之间摇摆，每一个极端都在试图弥补另一个。

多年来，我解决了潜在的问题，让我的自我价值和自尊都得到了提高，于是我逐渐放下了以前的两个虚假身份，所以现在当我需要表演时——无论是演讲、在一群学生面前授课，还是偶尔在舞台上表演（我仍然喜欢这样做）——无论是在舞台上还是在舞台下，我都在做自己，更真实、更自然。我的内在和外在更加一致，只是"真正的我"的不同表现形式而已。

每当我们为了弥补某些东西而采用虚假身份时，就会有被发现的风险。现在我们经常听说有人患上"冒充者综合征"（Imposter Syndrome），它通常发生在这些人获得晋升或得到一份工作的时候，他们觉得自己没有资格或没有经验，不能称职，担心会在某个时候会被看穿。这就触发了威胁反应，导致工作变得令人紧张，而不是让人愉悦。

很多时候，这又是由于我们从童年或生活经历中获得了一些限制性观念，导致我们怀疑自己的价值；我们害怕人们看到那个我们眼中的"真实"的自己，一个"不够好"的自己，难以胜任这个角色的自己。我们认为："在内心深处，我感到害怕、焦虑、不够好，处于被暴露、被羞辱和被嘲笑的边缘，但如果我进入角色，说该说的话，把工作做好……可能就会逃过一劫！"

可能会逃过一劫……在一段时间内。但是，那些讨厌的观念有一个习惯，那就是钻出来，让人发现自己。最终，不可避免地，会出现一个裂缝，我们最害怕的噩梦似乎就要实现了。

但如果我们对自己诚实——真正诚实——那么这些时刻其实可以成为重要的转折点。有趣的是，当我们能够勇敢地让外部身份消失，允许自然、真实、真正的自我散发光芒时，奇迹通常就会出现。我们实际上得到的可能并不是嘲笑、羞耻和拒绝（可能我们在暗中期待这些），而是爱、接受、喜爱和自由等。

当我初次搬到位于伦敦哈雷街的办公室时，我记得我在想"我觉得现在最好穿上西装，穿得更聪明一点"——哈雷街可是英国非常独特的医疗地之一。

但后来我想："穿西装是为了谁？我想给谁留下好印象呢？"所以，我决定穿牛仔裤和运动衫去上班，强迫自己成为我，而不是我想成为的人。

在第一次去诊所的火车上，我记得我往下看了一眼，看到了牛仔裤，有那么一瞬间我惊慌失措："咦，我忘了好好穿衣服了！"这时我想起来发生了什么。起初，我感到紧张、焦虑、脆弱、开放、暴露。我想象了各种场景：我给客户开门，他们轻蔑地说了一些话。可实际上发生的事恰恰相反，完全不同。

当我决定干脆做自己时，我注意到那些穿西装的客户在进来时会让自己的穿着显得更低调些：摘掉领带，把西装上衣甩到肩上，以适应我和我的着装要求。其他人会松一口气，因为他们看到的是一个相对正常的人，而不是他们预期中的那种严肃的"专业人士"，他们的警惕性就会降低。

对我来说，上班感觉轻松多了，不像是去工作，而像是出去和一些人聊天，看看是否能帮助他们。我越是不需要做什么人，就越能做我自己。

但要做到这一点，我也必须面对我旧有的"内在身份"，这时候就经常会出现重大挑战。当我们采用某种外部身份时，通常是为了保护或弥补我们试图隐藏的那个内在身份。如果我们不再担心内在身份被暴露，也就不再需要用那个外部身份来保护它。

当时我自己的内在身份一直在说："做自己是不够的，所以为了弥补，我最好做一些外在的事情（西装革履）。"当我挑战这种想法并采取一些积极的行动来强化新想法时，我经历了一些暂时的、情绪上的不适，因为面对的是恐惧，但后来我的观念慢慢更新，穿得更随意也就变得正常了。我的这些行动帮助我形成了新的观念。虽然我冒着无法接受自己身份的风险，但它也给了我采取这些行动的勇气和决心。

尽管某些观念和身份可能会给我们带来麻烦，但我们往往会对维持这些观念和身份进行情感投资，甚至会不惜一切代价来捍卫它们！想想看，人们是多么积极地维护他们的宗教或政治身份，而这不过是一系列强烈的想法、信念或观点。

记住，我们会有内部参考——我们的记忆和生活经历——来"证明"为什么我们的观念和身份是有效的，并且需要维持下去。在未能认识到那些支持这个身份的观念的情况下，任何试图正面挑战该身份的行为都有可能引发威胁反应，使我们对改变产生抗拒。

在我们希望做出改变的那个领域，会有一个与之相关的身份。我们可能会有抗拒情绪，不愿意放下这个身份，这一点我们需要加以注意。

所以回到最初那个问题：你是谁？你的真实身份是什么？对这个问题的诚实回答，确实是我们能否摆脱生活局限的关键。如果我们甚至不能对自己承认我们是谁或我们认为自己是什么，就永远无法改变，永远只能寻求一些外部的东西来保护或补偿内心的感受。

当我们能够正视我们是谁，并找到勇气来揭示和相信一个新的身份时，我们就会发生某种"身份转换"，往往就能经历飞快的变化。

案例研究

十秒钟与十天

这是一个关于在身份转换方面如何帮助我们做出重大改变方面的例子，它涉及一个参加我们的执业培训的学员，他随口提到想戒烟，因为他觉得自己是个骗子：晚上管理着一个帮助有烟瘾的人戒烟的志愿者小组，但自己却仍然吸烟"成瘾"。

"你说得对！"我说着，直视着他的眼睛，紧紧抓住他的"身份声明"。"你就是个骗子。"

其他参加培训的学员看起来有点震惊，问道："可以这样说吗？"

我通常不会到处说别人是骗子，但既然他以这种方式定义自己——"我是个骗子"，我也知道他为什么这样做，那么我想与其安慰他，不如直接这样叫他，看看能否让它反转。

他似乎很欣赏我的诚实，当我问他打算何时戒烟时，他开始讲话，但却对我的问题避而不答。当他说完后，我再次问他："你打算什么时候戒烟？"

他又讲了起来，这回谈的是他之前用来戒烟的那个方法，会有"十天的痛苦或挣扎"，还要写下自己的戒烟历程。我再次问他，"如果能轻松戒烟，不用那么挣扎、痛苦，你觉得什么时候是戒烟的好时机？"

"嗯，现在。"他说。这正是我要的答案。可是，尽管我可以看出他很真诚，但我仍然需要一个诱饵、一个足够充分的原因，好让他更容易坚定决心。

我问："如果不当骗子，你更愿意当什么？"我故意强调"骗子"这个词，这是他的旧烟民身份的一部分。

"激励者！"他考虑了一会儿后说。现在我有了"身份转换"所需的燃料。

"好吧，那么你什么时候能准备好做一个激励者？"我问道，把焦点从以前的吸烟习惯上移开，希望他能放下这个属于过去的、不受欢迎的东西。

"现在。"他斩钉截铁地回答，这次回答快多了。

我正要对他说："看，你以前花十天所取得的成就，现在只需要花十分钟。如果你准备好了的话，这个在十分钟内能实现的事情只需要花十秒钟就可完成。"但我没机会问这个问题，因为他已经把手伸进口袋，把烟递给我。

"你确定吗?"我验证了一下,想确定这个决定是来自他而不是我。

"当然,"他回答,"留着吧!"

当天晚上,我给他发了一条短信提醒他,他唯一需要做的便是深吸一口气,然后从嘴里吐出来(这样就能模拟吸烟的动作,好帮他去掉暂时少了什么东西的念头),我还提醒他不要忘记自己是一个激励者。

一旦他觉得能够转换身份,而且有充分的理由这样做,那么之前要花上十天时间、让他痛苦万分的事情现在就只花了不到十秒钟。他的这些新行为也符合他作为激励者这个新身份。

几个月后我和他见面,他解释说,在上次和我交流过后的这一个多月里,他一直保持无烟状态,但后来发生了一件事,让他感觉压力很大,引发了他再度吸烟。不过,他现在觉得很快就会再次戒掉了,而且意识到,当他完全准备好时,戒烟过程可能既简单、又自然。

如果我们与自己对抗,打破习惯可能就是一个漫长而艰难的过程;但如果我们有正确的动机和正确的观念,旧的习惯便可以在瞬间消失;如果我们能够转换身份,就更是如此:"我以前是那样,但现在我是这样——所以现在,我要这样做!"

E.S.C.A.P.E. 法的目的之一是带你沿 U 形流动图的一边向下走,剥落一层层旧观念和旧身份,这样你就能在另一边发生转变,变得更轻松、更自由,并获得一个新身份,它更像是"真正的你",与你所期望的结果保持一致。

练习 17

认识到身份

时长：15 ~ 20 分钟

是否需要记日记：是

是否需要伙伴：有可能

练习背景

当我们在生活中转换角色时，经常会有不同的身份。所有这些都是为了以某种方式服务于我们或保护我们，但如果它们是为了保护"真正的你"，而不是为了表现"真正的你"，那么我们就有可能会经历恐惧、焦虑和压力。认识到这一点是帮助我们摆脱任何不再为我们服务的身份的第一步。

练习说明

1. 在日记本新的一页上，以"认识到身份"为标题，记下你在日常生活中扮演各种角色时，对他人所表现出的各种"外部身份"。你在家里是什么身份？与家人一起呢？在工作中呢？与朋友一起呢？与同事一起呢？玩耍或看体育比赛时呢？你的身份是否部分与宗教、精神归属或你的国籍有关？比如：

- 在家里，我是（那个"聪明人"）。
- 在工作中，我是（老板）。
- 和配偶在一起时，我是（勤杂工！）。
- 和朋友在一起时，我是（那个有趣的人）。
- 在大学里，我是（学生）。

2. 对于每一个角色，记下你用何种方式将这些角色或身份与你的核心观念联系起来，例如：

- 哪些角色使你有自我价值和价值感？
- 哪些角色帮助你感到安全、有保障？
- 哪些角色能让你感到强大、有力量和有控制力？
- 哪些角色让你感觉到自己是某个事物的一部分、被爱、被接受、有归属感？
- 哪些角色能给你带来快乐？

3. 在内心深处感受一下，寻找到目前为止你一直认为是"真正的你"的东西，这可能是你一直在隐藏的自己的某个方面。

4. 想一想你在步骤1中塑造的所有角色和身份，想一想你是否担心在这些情况下有人会发现你眼中的"真正的你"。

5. 在日记中记下你为了履行这个角色而不得不隐藏起来的自己的某一部分；或者曾经不得不以某种方式挺身而出、努力成为另外一个人的时候；或者被别人看穿会感到不舒服的时候。

6. 在内心感受一下，寻找你在哪些方面可能一直在承担"外部身份"，以期掩盖或补偿"内在身份"，然后写出来，像这样：

- 我一直在承担_____（这个"外部身份"），因为我内心感到_____，而且一直害怕_____。

注意 不要评判自己——只要认识到就行。记住，我们的目的只是为了让不可见的东西变得可见。

7. 对于步骤6中提到的所有领域，写出并完成以下陈述：

- 如果我能成为"真正的我"（即没有恐惧、不受限制的我），那么我就能/会取代_____。

我们的行为遵循我们的身份

有一天，在我早期开设的一个执业者培训课的"问答"环节中，有人问我："为什么你在治疗后会打响指把人唤回？"

我回答说："因为我是一个催眠师。"大家都笑了。但在那个时候，这是真的。

我过去常常做那种打响指的小动作以鼓励人们在疗程结束后睁开眼睛。我并不是非得这么做，这只是像我这样的人在这种情况下会做的事情，我认为我就是这样的人。这是一种与我当时的身份相符的行为。

我们所有人在生活的很多方面也是如此。我们的观念创造了身份，它已经成为我们自身属性的一部分，我们的行为就会遵循它："我是这样的人，所以会做这样的事。"

行为总是会遵循身份，但反之却未必如此，这可能会给我们对自身行为的自我分析带来令人惊讶的转变。

- 我之所以是个烟民，是因为我吸烟吗？
- 还是说我之所以吸烟，是因为我认为我是个烟民？

- 我超重是因为我暴饮暴食吗？
- 还是说我暴饮暴食是因为我认为我超重吗？

- 我对恋人不满意是因为没得到爱和关心吗？
- 还是因为我认为自己是一个对恋爱不满意的人，所以没有得到恋人的爱和关心？

其中的一些在一开始可能看起来很反常，但当我们了解真正发生的事情并揭示其背后的程序时，往往就能看到：是我们的自我定义形成了我们的那些行为和经历，而不是我们的行为和经历形成了我们的自我定义。

但正如我之前简单提到的，这就给我们带来另一个需要面对或解决的潜在问题。如果新的、理想中的行为或存在方式与我们长期以来对自己和核心身份所持有的观念——即作为一个人，我们看待或定义自己的方式——相矛盾，怎么办？这会让我们处于冲突之中，会让我们再次跑上那部下行的自动扶梯，因为如果我们保有那个与新的、更理想的存在方式相矛盾或冲突的旧身份，就很难维持住内心的任何变化。

- 如果我是烟民，就必须吸烟，那么我怎样才能戒烟？
- 如果我是懒人，不做运动，那么我怎样才能强身健体、减掉我想减的体重？
- 如果我是派对狂，就一定会喝得酩酊大醉，那么我怎样才能清醒并梳理我的生活呢？
- 如果我是一个独行侠，远离他人，那么我怎样才能拥有我渴望的浪漫爱情？
- 如果我是_____（身份标签），就会_____（以某种方式行事），那么如果我现在需要思考、感受或做一些与之相悖的事情，怎么才能_____（达到我想要的结果）？

可是，要是我们愿意以某种方式改变我们的身份呢？改变对自我的认识或改变给自己贴标签的方式？你认为那样的话会发生什么？行为或存在的持久改变往往需要身份的同步转变，接受身份的转变才能真正使改变持久。

有趣的是，采用一种新的身份往往可以迅速把我们从旧的思维、感觉和行为方式中解放出来，让新的、更可取的思想、感觉和行为浮出水面——当然，前提是不发生深层冲突。

乍一看这似乎是一个很棒的捷径。如果直接转换身份就行，为何还要为那些关于核心观念、记忆和情绪等的其他事情而烦恼呢？

答案就在上一段的最后一行："前提是不发生深层冲突"。

如果我们私下持有一些与新身份相矛盾的思想、情感、情绪和观念，就不能简单地给自己一个新的身份，然后期望它能变得持久，因为那些思想、情感、情绪和观念最终会浮出水面，如果未受质疑，它们就会导致新身份崩溃。

不过，如果我们能够创造一个新的身份，然后让所有的思想、情绪、观念和行为与之保持一致，包括挑战并解决出现的任何抗拒，这个新身份就能持久。

例如，在应对吸烟或咬指甲这样的小习惯时，这些习惯性行为本身与我的讨论几乎毫无关系。我的重点是了解这个人在这方面的观念，并帮助他们建立一个新的身份，成为一个不吸烟的人，或一个会护理自己指甲的人，或做出任何想要的改变。

如果我是个烟民，就必须吸烟，任何不吸烟的尝试都会造成冲突，仿佛是在要求我违背我的身份；因此若要不吸烟，我必须付出努力和"意志力"——这就是那么多人发现戒烟很难的真正原因。

可是，如果我是一个不吸烟的人，情况完全不同了。根据定义，不吸烟者是不吸烟的，因此，只要我采用新的身份，不吸烟就很容易。人们会说："是的，但是有烟瘾怎么办？"我回答说："如果这个人能够充分接纳新的身份，就不会有烟瘾，因为烟瘾属于那个旧身份的一部分，与之同时存在的还有恐惧、焦虑和限制性观念。"

如果能做到这一点——能采用更适合我们期望中的变化的新身

份，潜意识就会帮助我们做出新的选择，并生成新的行为来反映这一点，这就更容易或更有可能为我们喜欢的东西创造合适的条件。

因此说，为了解决我们的问题，我们要经历的那个解除催眠过程的很大一部分是溶解旧身份并用新身份取代它；或是随着旧身份慢慢消失，让新身份自然形成。但是，同样地，它不能只是一种理智上的活动。我们要想让新身份持久，变化必须发生在各个层面，从表面症状一直到核心观念。

长期以来，在生活对我们的自然催眠和条件作用下，我们形成了旧观念和旧身份，我们可以利用同样的自然现象来扭转这一切。我们只需简单地让头脑放松、集中注意力、向内走、进入自然催眠状态，就可以进入那些一直在塑造我们旧身份的思想、感觉、记忆、观念和想法——不是在洗脑，而是在解除洗脑，恢复更好的思维方式，一种一直存在的、只是等待机会发光的方式。我们可以让一个新的、进化了的身份出现——"真正的你"——一个与我们正在寻求的新的自己相称的身份。

当我们释放旧身份、接受新身份时，我们的思想、感觉、行为、选择和结果都会相应改变，我们现在更有可能做出正确的决定、采取适当的行动以创造合适的条件、带来更理想的结果。

无论是帮助人们打破简单的习惯、实现重大目标，还是给他们的生活带来深刻而持久的转变，我几乎总是在寻找一种"我现在是……"的身份上的转变来协助这一过程。"我曾经是这样的……但现在我是这样的！"一旦有了这一转变，新的想法和行为自然会接踵而来，因为这个新身份会在日常生活的细节中发挥自己的作用。可以说，任何以"我现在是……"开头的关于我们自己的陈述都是一份"身份声明"。

练习 18

如何揭示你的隐形身份

时长：48 小时

是否需要记日记：是

是否需要伙伴：否

练习背景

之前我们曾做过一个练习以让自己认识到：我们内心可能持有一些与在生活中扮演的典型角色相关的身份。现在，我们将深入挖掘，探索是否可以揭示一些隐形的身份——在我们视线范围内运作但却未被我们认识到的身份。

练习说明

第一部分

1. 在日记本新的一页上写上"隐藏的身份"这个标题。

2. 在下面写一个副标题，"我是这样的……所以我这样做"。

3. 现在把这一页分成两栏，标示如下：

我是这样的	所以我这样做

4. 在接下来的 24 小时内，每当你说的话或想的内容与"我是"这个陈述——关于你自己的某种描述——有关，就把它写在"我是这样的"这个标题下。你可以写"我很懒"，但不要写"我要去商店"，除非这个动作与你自己的某个方面有直接关系。还要注意不要给自己贴上与角色、文化信仰、政治信仰、宗教或精神信仰有关的任何标签。

5. 然后，在与其相对的一栏中写下你究竟做了什么，以至于让你这样看待自己："我是这样的……所以我这样做。"

例如：

我是这样的	所以我这样做
我很蠢	我必须不停地犯错
我很健忘	我必须不停地忘记事情
我很害羞	跟人说话时我必须要紧张
我很累	我必须耗尽力气，一定不能集中注意力
我迟到了	我一定不能留出足够时间
我太胖了	我一定要暴饮暴食
我真没用	我必须要找到能证明这一点的经历
我是个受害者	我必须寻求能让我感到受害的经历
我是_____（标签）	我必须寻求/表现出_____（与该标签相符的行为）

在整整 48 小时内不断补充这个列表，不要排除任何想法或观察，只要它出现在你的脑海中或进入你的意识，就把它写下来。

起初，这可能看起来很奇怪，好像我们在陈述显而易见的事情，但我们所寻求的是给自己下的一些评论和自言自语时给自己贴的"标签"（未受质疑），它们会直接越过我们的批判思维，强化我们对自己的现有想法。行为遵循身份，因此，如果在某种程度上我们觉得并相信自己有这些特征——例如愚蠢、健忘、疲惫、害羞、迟到，就会下意识地以某种方式来延续更多相同的行为。

第二部分
现在重复这个练习，但要反过来做。

1. 还是在"隐藏的身份"的主标题下写一个新的副标题，"我这样做……所以我是这样的"。

2. 现在要特别注意你的行为方式，先记下所做的事情，然后想想为什么要这样做，以及可以用什么方式给自己这个做法贴上标签。

例如：

我这样做	所以我是这样的
我每隔几分钟就看一下手机	我是个焦虑的家长
我在出门前检查五次是否关灯	我有强迫症（OCD）
我正在吸烟	我是个烟民
我开始对我的孩子们生气	我是个没有耐心的人
我到处跑，帮助所有人	我是个热心人
当我感到悲伤或不安时，我吃的比我需要的多	我是个自我安慰型吃货
我在公共场合讲话时越来越紧张	我是个做公共演讲会紧张的人
我（感觉/做/体验）到＿＿＿＿	我是＿＿＿＿的人

第三部分

1. 思考以下说法："每当我获得一个标签，我就获得了一种限制。"

2. 现在想想练习的两个部分中的每一个以"我是"开头的"身份声明"，想象自己已经被生活设定或受到条件作用影响，要按照这些来思考、感受和做出一些行为，任何它们以为的东西都是不允许的，甚至可能引发威胁反应，让你再次顺从。

你能理解为什么身份（以及标签）在寻求转变时如此重要吗？如果我们寻求的转变意味着需要我们在当前的标签或身份

状态之外采取行动以避免冲突，那么我们也必须更新标签和声明。

3. 在清单中查看以"我是"开头的"身份声明"（标签），我想知道：如果能摆脱这些标签，你会有哪些不同的选择、行动和结果？

4. 在日记中，针对每一个"身份声明"，写下："没有这个旧标签或旧身份，我可以……"。注意你在这样写时的感受。

你是否还恋恋不舍，想抓住某个旧有身份不放？如果是的话，为什么？它能给你带来什么？它帮助维持了哪些核心观念？

你需要了解、感受或相信什么，以便能在现在最终放开它，好让自己进化、形成一个新身份、迈步前进？或者说，你是否准备好现在就进行"身份转换"？你是否准备好让某种新东西形成，某种更符合你生命的下一个阶段的需求的东西——无论那是什么？

在迄今为止的练习中，我们一直专注于认识我们的核心观念和身份对生活中的一般领域的影响，我希望你能理解为什么我经常挖掘这些，而不是仅仅处理表面的症状。

现在，虽然我们已经零零散散地播下了一些新想法的种子，但基本上一直在沿着 U 形流动图的左手边走，这个过程往往给我们带来很多启示，但你绝对不会觉得它很有趣！不过，这只是 E. S. C. A. P. E. 方法的前半段。现在，我们需要做的是开始掉头向上、从另一边往回走，走向我们最初的目的地——改善自己。

我们需要把我们一直学习的那些一般概念应用到更具体的日常情况中，以便能帮助自己缓解或解决一些更具体的日常问题。这样做的话，我们就能更接近我们的个人目标和雄心壮志——无论是逐渐破除某个旧习惯，还是以一个新身份完全重塑自己。

让我们从掌握一样东西开始，对我来说，这是带来个人改变的一个极其基本的但必不可少的工具。

不想要/想要

正如我前面简单提到的，当我问客户如何能帮助他们时，他们通常会用"远离"或"走向"来回答，告诉我他们想要停止、减少或摆脱什么（他们的"不想要"）或想要得到、成为或拥有更多什么（他们的"想要"），而且想要这些东西的理由很充分。

有趣的是，我注意到，无论他们提出"不想要"和"想要"声明的哪一面，都往往在对另一面的言语表达上产生很大的困难或抗拒。比如，如果他们跟我讲什么是他们"不想要"的，往往就很难表达清楚什么是他们"想要"的；而如果他们高兴地告诉我"想要"什么，往往会不情愿地表达他们"不想要"的东西，甚至产生抗拒。于是我开始注意这一点，开始挖掘，看是否有什么价值隐藏其中。的确有！

通常，当我敦促他们说清声明的另一面时，我们就会立即转变视角，问题就会在那一刻得到缓解。

以咬指甲的人为例。他们通常会告诉我，他们很想停止咬指甲——这就是他们的"不想要"。他们很少在想好后来找我谈他们"想要"的东西——那就是不去碰指甲以让它们能愈合、修复、恢复、生长，从而变得健康、坚实、正常。让我们把这个与"身份转换"联系起来——从"我是一个会撕扯我的指甲的人"到"我是一个会爱护我的指甲的人，因为它们很珍贵"，这时这个人就极有可能不去碰自己的指甲，这样它们就能长得更长，保持健康状态。如果我们把它与任何一个合适的核心观念联系起来——"控制""足够"或"接受"，通过帮助当事人放松、闭上眼睛集中注意力、感受、感觉、设想和想象这些想法来嵌入整个事情，同时如果批判思维没有异议的话，通常我们很快就会获得超高的成功率——如果需要的话，可能还得进行小小的助推。这也适用于几乎所有的习惯。

不过，有的时候，特别是涉及更多的情感问题时，当我让他们表达出声明的另一面时，他们就会感觉不舒服且泪流满面，或者瞬间释放出压抑或压制很久的情绪。这种反应性时刻有极强的宣泄效果，可以作为一种催化剂，促进深刻、持久的变化的发生。

还有的时候，当客户开始说话时，他们会简单地倾诉自己经历的事情，但其实并不知道自己想要什么或不想要什么！在这些情况下，我注意到，如果我们从"不想要"开始谈起，那么通常就更容易找到那个"想要"，这样我们就能帮客户提出一些关于他们的问题的积极的想法。

但是，无论从哪个方面开始，这个等式的两边我都想知道，因为这通常会帮助我们获得最深刻的转变，取得最持久的效果。

这样，我们就有了一套漂亮的、整齐利索的技巧，可以改变我们的生活：

1. 找出"不想要"的东西，即那些让我们讨厌的表面症状。
2. 找到完全相反或几乎完全相反的东西，即我们"想要"的东西（见表 2-1）。
3. 将"想要"变成某种积极的口号，通过集中注意力、重复、视觉化和很多可供我们使用的技巧来强化它。
4. 问自己一个大大的"为什么"以帮助自己克服所有抗拒情绪，或者在必要时让这个事情值得我们深入探索。

5. 创造一个新身份来支持这个想法，这个新身份的思维、感觉和行为与以前不同。与这个新想法保持一致，然后通过"赫布型学习"对其加强条件作用。

就这样。很简单，对吗？

表2-1　"不想要"与"想要"

不想要	想要
咬指甲	爱护指甲
酗酒	保持清醒
过度夸大，总是想象最坏的情况	评估实际发生的情况，并将注意力集中在这一点上

我们可以把这些"想要"变成能实际上起作用的简单的口号或肯定性话语，如果能把它们变成某种形式的"身份声明"就更好了，这样那些积极的行为就会随之而来：

- 我是一个能够并且确实爱护自己指甲的人。
- 我是一个能保持清醒的人。
- 我是一个能够评估实际情况并保持冷静、专注的人。
- 我是一个能够并且确实以一种能让我保持苗条和健康的方式进食的人。
- 我是一个能够并且确实允许自己拥有令人满意的恋爱关系的人。

开始的时候，这些可能看起来很陌生，但如果我们的观念并不与之相矛盾，而且能强化这些新想法，不让批判思维触发威胁反应，那么慢慢地，随着时间的推移，这些新想法就会形成新身份，那时我们的行为和经历也更容易遵循这个身份。

这个方法也可以反过来起作用：如果我们足够专注于这些想法并遵循新的行为，它们就会成为新的常态，我们就会从我们的行为中打造出一个新身份。

建立一个新的习惯需要多长时间？各种研究似乎每隔几年就会改变其观点。在我看来，更新观念和建立新的神经通路需要的时间并不固定。可能是几个月、几周、几天、几小时、几分钟甚至几秒钟，正如我们前面提到的那样。这一切都取决于各个层面在 U 形流动图上的对齐程度，我们很快就会回到这个问题上，同时还要进行不想要/想要练习。

专注于想要的东西

生活中似乎有一条普遍的规则，那就是我们往往能得到更多我们所关注的东西。但是，很多人在寻求改变什么时，往往会把注意力更多地集中在想要改变的事情上，这似乎使它永久化了。换句话说，越是专注于不想要的东西，似乎就越能得到它。

为了解决这个问题，我们不妨考虑一个想法，即我们的潜意识会过滤掉像下面这样的语句中的否定词汇：

- 我想停止暴饮暴食。
- 我想停止晚上躺在床上睡不着。
- 我想停止认为狗或蜜蜂会伤害我。

所以，在潜意识中，我们过滤掉了"停止"这个词，重点就成了：

- ……暴饮暴食。
- ……晚上躺在床上睡不着。
- ……狗或蜜蜂会伤害我。

如果我们能将注意力从不想要的东西转移到积极的语言表述出来的想要的东西上，全力以赴投入其中，就有可能获得更好的结果。

- ……正常饮食。
- ……深度睡眠。
- ……在狗和蜜蜂周围感到安全。

如果专注于我们想要的东西是目的，那么为什么要区分"不想要"和"想要"？何不干脆只了解"想要"？

其实，我无意中注意到一个奇怪的现象，很快我就会说到，但现在可以先剧透一下：很多时候，我们要用"不想要"来使"想要"更有效！

为了讲清楚，让我们看看是否可以将迄今为止所学到的东西应用于现在真正想要改变的东西上。

回想一下练习 3 中的"你的愿望清单"，以及你对生活中三个主要类别的 3 - 2 - 1 分析：健康与幸福、事业与财富、人际关系与亲密关系。在这些你想改变的领域中，你的思维、感觉或行为方式上的某种东西正在你的生活中产生一些你不想要的影响、结果或成果。你想停止或减少这种情况的发生，便转而去增加其他什么东西。有的东西是你不想要的，比如那些从前的表面症状；有的东西是你想要的，比如新的、更可取的积极结果。我们可以将其总结为"不想要/想要"声明。

- 我不想要_____，我想要_____。

首先，我们将在表层上应用这个方法，然后再稍稍深入挖掘。

练习19

健康与幸福　不想要/想要

时长：20～30分钟

是否需要记日记：是

是否需要伙伴：自主决定，但有帮助

练习背景

如果我们能从一个不想要的表面症状出发，找出一个与其相反的、措辞积极的、想要的结果，并将意识集中在那里，就能向潜意识发出强大的信息，帮助我们在这些方面实现转变。

练习说明

第一部分

1. 在日记本新的一页写下"健康和幸福　不想要/想要 "这一标题。

2. 将这一页分成三列，并加上标签，如表2－2所示。暂时不考虑中间那一列，但一定要有。

表2－2　不想要/想要

不想要		想要

3. 回顾一下在练习3的"你的愿望清单"中对健康和幸福所做的3－2－1分析，在表2－2"不想要"一列写下你想改变的两件事和你认为需要立即改变的一件事，表述形式可以是"我不想……"。每件事情可能只有一个短语，你也可能会发现自己想到几个短语，

但现在要把重点放在当前这个主题范围内。一定要有重点。比如，你想改变的两件事可以是：

- 我不想在早晨感到全身疼痛、无精打采、不健康。
- 忙碌的时候，我不想得过且过，吃一些明知道对自己没好处的东西，吃完后让自己感到不舒服。

需要立即改变的一件事可以是：

- 我不想让我的健康总是围着其他事情转，不想让它总是在我的清单上排在最后。

注意 在脑海中这样做效果会差很多，你需要把它写下来，获得最大益处。

4. 对于每一个"消极"的陈述，在消极的词下划线，想一个与其对应的相反的"积极"陈述，将其写在表2–3"想要"一列。你可能会发现，这样做的时候，脑海中会出现其他想法。

表2–3 有关健康与幸福的不想要/想要清单

不想要		想要
我不想在早晨感到<u>全身疼痛</u>、<u>无精打采</u>、<u>不健康</u>		早上醒来时，我希望能感觉到行动自如、精力充沛、<u>身体健康</u>，能进行一天的工作
忙碌的时候，我不想<u>得过且过</u>，吃一些明知道<u>对自己没好处</u>的东西，吃完后让自己感到不舒服		即使在忙碌的时候，我也想花时间在吃的上，确保吃的东西对我有好处，吃完后能给我一种良好的、得到滋养的感觉
我不想让我的健康总是<u>围着其他事情转</u>，不想让它总是在我的清单上排在最后		我想让健康成为头等<u>大事</u>，并围绕它来安排我的其他生活

5. 浏览表 2 - 3 中的"想要"一列，确保里面没有否定词，也就是说，不能说"不想要 = 压力大，想要 = 没有压力"。必须找到与这些否定词汇或短语相反的、肯定的对应说法，哪怕你有抗拒。事实上，越是抗拒越要这样做！例如，"不想要 = 紧张，想要 = 平静和放松"。可以查反义词词典，或者寻求 E. S. C. A. P. E. 伙伴的帮助，让他给你提供些想法，但必须是你自己选择的词，不能是别人选择的词。

6. 通读积极的"我想要"清单，注意在阅读时的任何感受。这个清单读起来应该感觉很好，很鼓舞人！

注意 这样做违背了很多积极思考型的书籍和教导，这些书籍和教导指出，说"我想要"是错误的。我注意到的是，说出你想要的东西实际上就像一块踏脚石，使你离目标更进一步，但更不可能引发抗拒。

如果我们把想要的东西用以下这样的肯定性措辞表达，那么在这个初期阶段，批判思维很可能会引发抗拒情绪，你脑海中的那个小声音会说："哦，真的吗？"

- 我专注于我的健康。
- 我很健康。
- 我吃得好。
- 我睡得好。
- 我醒来时精力充沛。

但如果把它们保存为自己想要的东西，通常就会减少这种抗拒情绪，让这个想法通过批判思维进入潜意识。

在训练后期，一旦你对新的想法更加熟悉，就可以切换到更传统一些的肯定性话语，那时候就会感觉它们更真实。

7. 不过，在通读"想要"清单时，你需要查看一下自己是否有任何抗拒情绪或不适；如果注意到有任何这方面的现象，问问自己为什么，并在日记中单独记录下来。你可能需要对此进行更深入的挖掘，但也可能只是需要找到一个能让自己感觉更好的另外的词或短语。

8. 现在，以不同的方式浏览你的清单，先读消极的，再读积极的，像这样：

- 我不想在早晨感到全身疼痛、无精打采、不健康。早上醒来时，我希望能感觉到行动自如、精力充沛、身体健康，能进行一天的工作。

- 忙碌的时候，我不想得过且过，吃一些明知道对自己没好处的东西，吃完后让自己感到不舒服。即使在忙碌的时候，我也想花时间在吃的上，确保吃的东西对我有好处，吃完后能给我一种良好的、得到滋养的感觉。

- 我不想让我的健康总是围着其他事情转，不想让它总是在我的清单上排在最后。我想让健康成为头等大事，并围绕它来安排我的其他生活。

这里我再一次发现，上述做法与我在许多积极思维类书籍中读到的相反。为客户治疗时，在打造积极思维之前，我会让客户刻意找一些消极思维，将消极的东西口头化，甚至重复它，这实际上对治疗是有帮助的。

很多人担心这会强化消极因素，但如果先说出消极因素，其实有助于释放它，并以某种方式缓解压力。

承认消极因素，然后把注意力集中在积极因素上，这样我们就可以把一些本来不会受质疑的想法和观点带入我们的意识，从而打断本来会发生的持续的二度条件作用和二度催眠。

对于客户，我有时会让他们无数次地说出负面的东西，特别是在他们情绪激动的时候，因为每说一次，那些被压抑或抑制的情绪就可能部分地被释放出来。然后，当我觉得他们的情绪渐渐平静下来时，我会让他们把积极的一面也加上去。随着批判思维逐渐被负面的言语所软化，积极的想法就会有更多的"空间"来扎根。

最终，我们的目的是不需要再陈述负面的东西，这样就只剩下一个更积极、肯定的版本，这个版本就会成为我们的新口号或自我对话，帮助我们形成新身份。但是，如果我们想要过于积极、过于求快，则会迅速产生反作用，其实会产生负面效果。先陈述消极的一面可以减少这种影响，增强积极的一面。

第二部分 把"一件事"转变为一份"身份声明"

要做到这一点，你只需将"不想要/想要""一件事"这样的短语改写成一句概述，说明一下你是谁或想成为谁。同样，以"不想要/想要"中的哪一个开始效果都很好。

> 我不想成为_____（从前不想要的东西）的人，我想成为_____（新的想要的东西）的人。

那个需要立即改变的"一件事"往往是我们想要改变的其他"两件事"的基础，所以我们就用它来为这个练习创建一份"身份声明"，不过你也可以选择另外"两件事"，如果看起来更合适的话，随你选择。

我不想让我的健康总是围着其他事情转，不想让它总是在我的清单上排在最后，我想让健康成为头等大事，并围绕它来安排我的其他生活。

第三部分　创建一份关于"健康与幸福"的总结性声明

我们现在要做的是创建一个包含所有这些想法的总结性声明。它将使我们能够：

- 承认并加强当前的积极因素，同时将当前的消极因素纳入意识范围，以便进行检查。
- 启动身份转换，为深入和持久的转变奠定基础。
- 有一些具体、实用的想法或行为，可以在今天立即关注并付诸实践，从而促使新观念成为日常生活的一部分。

这样做，我们就把自己从以前的设定中解脱出来，给我们潜意识中的内部图书馆管理员一套新的内部参考资料，让他知道在某些情况下应该怎么想、怎么做；我们还通过鼓励"赫布型学习"来帮助我们的大脑适应和支持这种变化——这次是有意识的，对我们有利，而非潜意识中的（之前我们不得不与之对抗）。

总结陈述的普遍公式是这样的：

在健康与幸福方面，我_____（插入练习3中的积极事情1、积极事情2和积极事情3）。然而，从现在开始，我_____（插入你的旧的/新的不想要/想要的"身份声明"），这意味着我_____（插入你的不想要/想要的"两件事"）。我致力于这样做是因为_____（想想你的"原因"，并将其与一个或多个核心观念联系起来）。

可以参考这个例子：

在健康与幸福方面，我足够健康，知道自己应该做什么，并且在我真正想做的时候能够自律。不过，从现在开始，我不想让我的健康总是围着其他事情转，不想让它总是在我的清单上排在最后，不想做这样的人。我想让健康成为头等大事，并围绕它来安排我的其他生活。我想做这样的人。

我不想在早晨感到全身疼痛、无精打采、不健康。早上醒来时，我希望能感觉到行动自如、精力充沛、身体健康，能进行一天的工作。

忙碌的时候，我不想凑合，吃一些明知道对自己没好处的东西，吃完后让自己感到不舒服。即使在忙碌的时候，我也想花时间在吃的上，确保吃的东西对我有好处，吃完后能给我一种良好的、得到滋养的感觉。

我现在比以往任何时候都更致力于此，因为这将帮助我对自己感觉更好，更能控制我的健康与幸福，同时在每晚睡觉时让我感觉更平静。

（我知道这很冗长，而且重复性强，可能需要你无数次写出相似的声明……但每次这样做，只要集中注意力，这样你就会解除之前成千上万次关注的那些旧的、消极的反面因素，为某个新事物铺平道路。）

当你读到这个总结性声明时，无论是轻声自言自语还是大声读出来，都应该感觉不错。把它当作一个医疗处方，每天服用两次，早晚各一次，中间有机会就再补充一次，至少连续服用一周到十天，或者直到不再需要为止。

我知道这不完全是你那些典型的短小精悍的"我是值得的"类型的口号。但如果你能诚实以待，并关注细节，它应该更深入人心。

如果你能够接受它，心里有个大大的"为什么"而且更"投入"而不是"感兴趣"，那么重复和专注于这个或这些新想法就会有助于触发与之相关的行为，比如吃得更好、更有规律地锻炼、优先考虑日常安排、睡得更好等。

注意 在一天中，当你感觉到自己围绕健康与幸福主题产生了任何消极想法时，首先看看是否能确定是哪种消极想法。然后，你不要试图忽略它，而是要先用语言表达或向自己陈述以前的"不想要"，就像在念一个消极的口号，然后提醒自己注意那个与其相反的、积极的版本，即你确实想要的。如果有某个消极想法出现在你的清单上，就把它加进去，再接着重复这个过程。

抗拒

如果你感到有任何抗拒情绪，没关系。你应对练习保持关注，并尽可能地重复它。记住，有时你需要坚持，不过你很快就会应对可能出现的任何抗拒情绪，并解释表 2 - 3 中间那一列的作用。

现在先休息一下，让我们在其他两个领域——事业与财富及人际关系与亲密关系——重复整个练习。

练习 20
事业与财富　不想要/想要

时长：20～30分钟

是否需要记日记：是

是否需要伙伴：自主决定，但有帮助

练习背景

如果我们能从事业与财富的相关表面症状出发，创造出与其相反的、措辞更积极的更理想的结果，并将我们的意识集中在那里，就能向我们的潜意识发出强有力的信息，帮助我们在这些领域实现转变。

练习说明

第一部分

1. 在日记本新的一页上写上"事业与财富 不想要/想要"这个标题。

2. 把这一页分成三列，像前面的练习一样，加上"不想要"和"想要"的标签。

3. 在日记中回顾你在练习3中对职业和金钱所做的3-2-1分析。在表2-4"不想要"一列写下你想改变的两件事和你认为需要立即改变的一件事，表述形式可以是"我不想……"。例如，你想改变的两件事可以是：

- 我不想在别人都在玩乐的时候，自己还要在晚上和周末工作。

- 我不想仅仅为了支付账单而不得不去做我不再喜欢的工作。

需要立即改变的一件事可能是：

- 我不想再"过紧巴巴的日子"，赚的钱只够还债和开支，几乎没有什么剩余。

4. 对于每一个"消极"的陈述，在消极的词语下划线，并想出一个和它相对应的、相反的"积极"陈述，将其写在表2-4"想要"一列。你可能会发现，这样做的时候，脑海中会出现其他想法。

表2-4　有关事业与财富的不想要/想要清单

不想要		想要
我不想在<u>别人</u>都在玩乐的时候，自己还要在<u>晚上和周末工作</u>		我想空出晚上和周末，这样就可以和<u>朋友、家人</u>共享快乐时光
我不想<u>仅仅为了支付账单而不得不去做我不再喜欢的工作</u>		我想专注于<u>我喜欢的、想做的、能让我全心全意去做</u>的事情，因为<u>我热爱它，而且擅长</u>
我不想再"<u>过紧巴巴的日子</u>"，赚的钱<u>只够还债和开支</u>，<u>几乎没有什么剩余</u>		我想在财务上<u>强大起来，到处有存款</u>，有剩余资金来做我想做的事

5. 同样，浏览表2-4中的"想要"一列，确保里面没有否定词，也就是说，不能说"不想要＝无聊的工作，想要＝不无聊的工作"。必须绞尽脑汁找到与这些否定词汇或短语相反的、肯定的对应说法，越是抗拒越要这样做！例如，"不想要＝无聊的工作，想要＝有趣的工作"。

6. 通读积极的"我想要"清单，注意在阅读时的任何感受。这个清单读起来应该感觉很好！

7. 在通读"想要"清单时，查看一下自己是否有任何抗拒情绪或不适；如果注意到自己有任何这方面的现象，问问为什么，并在日记中单独记录下来。你可能需要对此进行更深入的挖掘，但也可能只是需要找到一个能让自己感觉更好的另外的词或短语。

8. 现在，通读你的清单，先读消极的，再读积极的，像这样：

- 我不想在别人都在玩乐的时候，自己还要在晚上和周末工作。我想空出晚上和周末，这样就可以和朋友、家人共享快乐时光。

- 我不想仅仅为了支付账单而不得不去做我不再喜欢的工作。我想专注于我喜欢的、想做的、能让我全心全意去做的事情，因为我热爱它，而且擅长。

- 我不想再"过紧巴巴的日子"，赚的钱只够还债和开支，几乎没有什么剩余。我想在财务上强大起来，到处有存款，有剩余资金来做我想做的事。

记住：承认消极因素，然后把注意力集中在积极因素上，这样我们就可以把一些本来不会受质疑的想法和观点带入我们的意识，从而打断本来会发生的在潜意识中进行的一些过程，这样就会消除对新想法的抗拒。

第二部分　把"一件事"转变为一份"身份声明"

要做到这一点，你只需将"不想要/想要""一件事"这样的短语改写成一句概述，说明一下你是谁或想成为谁。同样，以"不想要/想要"中的哪一个开始效果都很好。如果有必要,随时可以将其中一个换成另一个,但是要先说"一件事"。

> 我不想成为_____(从前不想要的东西)的人,我想成为_____(新的想要的东西)的人。

例如:

> 我不想在别人都在玩乐的时候,自己还要在晚上和周末工作。我不想成为这样的人。我想空出晚上和周末,这样就可以和朋友、家人共享快乐时光。我想成为这样的人。

这份新的"身份声明"读起来应该感觉很好,还会激发你内心的一些想法,即需要做些什么来使其成为现实。你目前的状况应该是旧观念和那些在身份驱动下做出的行为在一段时间内造成或形成的结果。当你现在专注于这个新想法时,你便开始让原先那个"下行"的自动扶梯减速,这样它就最终能停下来,改变方向,成为一个"上行"的扶梯,把你带到你想去的地方。

第三部分 创建一份"事业与财富"的总结性声明

如果需要弄清楚本部分的内容,你可以参考前面的练习,但记住,普遍公式是:

> 在事业与财富方面,我_____(插入练习 3 中积极事情 1、积极事情 2 和积极事情 3)。然而,从现在开始,我_____(插入你的旧的/新的不想要/想要的"身份声明"),这意味着我_____(插入你的不想要/想要的"两件事")。我致力于这样做是因为_____(想想你的"原因",并将其与一个或多个核心观念联系起来)。

可以参考这个例子：

在事业与财富方面，我善于创造机会，必要时愿意努力工作，无论做什么事情都力求尽善尽美。可是，我不想再"过紧巴巴的日子"，赚的钱只够还债务和开支，几乎没有什么剩余。我不想成为这样的人。我想在财务上强大起来，到处有存款，有剩余资金来做我想做的事。我想成为这样的人。

我不想仅仅为了支付账单而不得不去做我不再喜欢的工作。我想专注于我喜欢的、想做的、能让我全心全意去做的事情，因为我热爱它，而且擅长。

我不想在别人都在玩乐的时候，自己还要在晚上和周末工作。我想空出晚上和周末，这样就可以和朋友、家人共享快乐时光。

我致力于这样做，因为这会让我对自己感觉非常好，也会让我更轻松、更自由。

同样，把它当作一个医疗处方，每天服用两次，早晚各一次，中间有机会就再补充一次，至少连续服用一周到十天，或者直到不再需要为止。

大声读出来，让这些想法和话语成为你的自我对话的一部分。你正在解除旧观念对你的催眠，在教育你的潜意识，让它知道你想在生活中体验到哪种相反的经历。你依旧必须做出选择和行动，让这一切真正发生。但你的大脑越是专注于这些新想法，不去质疑它们，内在思想就越能为你工作——以同样的方式，它一直都是如此，只是这一次有了更多有意识的指导，更能让你有所认识。

注意 在一天中，当你感觉自己围绕事业与财富这个主题产生了任何消极想法时，首先看看是否能确定是哪种消极想法。然后，提醒自己注意那个与其相反的、你确实想要的想法。如果它不在你的清单上，就把它加进去，再接着重复这个过程。

抗拒

如果你感到有任何抗拒情绪，没关系。你应对练习保持关注，并尽可能地重复它。你很快就会应对可能出现的任何抗拒情绪，并解释表2-4中间那一列的作用。

不过现在先休息一下，让我们在人际关系与亲密关系领域重复整套练习。

练习21

人际关系与亲密关系　不想要/想要

时长：20~30分钟

是否需要记日记：是

是否需要伙伴：自主决定，但有帮助

练习背景

如果我们能确定你在人际关系与亲密关系方面的"不想要"和"想要"，并向你的意识和潜意识发出强有力的信息，帮助你在这些方面做出改变，你的生活就会充满更多的幸福感、满足感和享受，这将为你生活中的其他领域提供同样的基础。

练习说明

第一部分

1. 在日记本新的一页写上"人际关系与亲密关系　不想要/想要"这个标题。

2. 把这一页分成三列，像前面的练习一样，加上"不想要"和"想要"的标签。

3. 回顾你在练习 3 中对"人际关系与亲密关系"所做的 3 - 2 - 1 分析。在表 2 - 5"不想要"一列写下你想改变的两件事和你认为需要立即改变的一件事，表述形式可以是"我不想……"。例如，你想改变的两件事可以是：

- 我不想再在社交场合感到不自在和焦虑、不得不克制自己、害怕说出自己的想法。

- 我不想把朋友和家人放在清单最后，只有在完成其他事情后才能和他们一起放松和玩耍。

需要立即改变的一件事可能是：

- 我想停止在自己和他人之间设置保护屏障，停止对完全参与进去的恐惧，因为这意味着我永远无法尽可能靠近他们。

4. 对于每一个"消极"的陈述，在消极的词语下划线，并想出一个与其相对应的、相反的积极陈述，将其写在表 2 - 5"想要"一列。

表2-5　有关人际关系与亲密关系的不想要/想要清单

不想要		想要
我不想再在社交场合感到<u>不自在</u>和焦虑、不得不克制<u>自己</u>、害怕说出自己的想法		我希望能在社交场合中感到<u>自在</u>、<u>放松</u>，能够放开手脚，<u>做我自己</u>，<u>乐意说出自己的想法</u>
我不想把朋友和家人放在清单最后，只有在完成其他事情后才能和他们一起放松和玩要		我想把与朋友和家人相处的时间看得<u>和其他事情一样重要</u>，无论我手头在做什么，都给予其平等的优先权
我想停止在自己和他人之间<u>设置保护屏障</u>，停止对完全参与进去的恐惧，因为这意味着我<u>永远无法尽可能靠近他们</u>		我希望能更敞开自己，更愿意与他人接触，这样我就能感觉跟他人更亲近，能拥有<u>更有意义的关系</u>

5. 同样，浏览表2-5中的"想要"一列，确保里面没有否定词。记住：不能说"不想要=争论，想要=不争论"。必须绞尽脑汁找到与这些否定词汇或短语相反的、肯定的对应说法，尤其是有抗拒情绪时！例如，"不想要=争论，想要=讨论和同意"。

6. 通读积极的"我想要"清单，注意在阅读时的任何感受。这个清单读起来应该感觉很好！

7. 在通读"想要"清单时，查看一下自己是否有任何抗拒情绪或不适；如果注意到自己有任何这方面的现象，问问为什么，并在日记中单独记录下来。同样，你可能需要对此进行更深入的挖掘，但也可能只是需要找到一个能让自己感觉更好的另外的词或短语。

8. 现在，通读你的清单，跟其他练习一样，先读消极的，再读积极的，像这样：

- 我不想再在社交场合感到不自在和焦虑、不得不克制自己、害怕说出自己的想法。我希望能在社交场合中感到自在、放松，能够放开手脚，做我自己，乐意说出自己的想法。
- 我不想把朋友和家人放在清单最后，只有在完成其他事情后才能和他们一起放松和玩耍。我想把与朋友和家人相处的时间看得和其他事情一样重要，无论我手头在做什么，都给予其平等的优先权。
- 我想停止在自己和他人之间设置保护屏障，停止对完全参与进去的恐惧，因为这意味着我永远无法尽可能靠近他们。我希望能更敞开自己，更愿意与他人接触，这样我就能感觉跟他人更亲近，能拥有更有意义的关系。

第二部分　把"一件事"转变为一份"身份声明"

跟前面的练习一样，你只需将"不想要/想要""一件事"这样的短语改写成一句概述，说明一下你是谁或想成为谁。同样，以"不想要/想要"中的哪一个开始效果都很好。如果有必要，随时可以将其中一个换成另一个，但是要先说"一件事"。

　　我不想成为_____（从前不想要的东西）的人，我想成为_____（新的想要的东西）的人。

例如：

　　我不想再在自己和他人之间设置保护屏障，对完全参与进去感到恐惧，以至于永远无法尽可能靠近他们。我不想成为这样的人。我希望能更敞开自己，更愿意与他人接触，这样我就能感觉跟他人更亲近，能拥有更有意义的关系。我想成为这样的人。

这份新的"身份声明"读起来应该感觉很好，还会激发一些行为和行动，使其变为现实……如果我们自己不愿意付出，就不能要求别人给我们同样的东西。如果想要爱，我们就必须爱别人；如果想要感受到关心，我们就必须表现出关心；如果想要做自己，我们就必须允许别人做自己（当然，前提是不越过有危害的界限）。

第三部分　创建一份"人际关系与亲密关系"的总结性声明

如果需要弄清楚本部分的内容，你可以参考前面的练习，但记住，普遍公式是：

> 在"人际关系与亲密关系"方面，我＿＿＿＿（插入练习3中的积极事情1、积极事情2和积极事情3）。然而，从现在开始，我＿＿＿＿（插入你的旧的/新的不想要/想要的"身份声明"），这意味着我＿＿＿＿（插入你的不想要/想要的"两件事"）。我致力于这样做是因为＿＿＿＿（想想你的"原因"，并将其与一个或多个核心观念联系起来）。

可以参考这个例子：

> 在"人际关系与亲密关系"方面，我是一个友善的、考虑周到的、善良的人。但是，我不想再在自己和他人之间设置保护屏障，对完全参与进去感到恐惧，以至于永远无法尽可能靠近他们。我不想成为这样的人。我希望能更敞开自己，更愿意与他人接触，这样我就能感觉跟他人更亲近，能拥有更有意义的关系。我想成为这样的人。
>
> 我不想把朋友和家人放在清单最后，只有在完成其他事情后才能和他们一起放松和玩耍。我想把与朋友和家人相处的

时间看得和其他事情一样重要，无论我手头在做什么，都给予其平等的优先权。

我不想再在社交场合感到不自在和焦虑、不得不克制自己、害怕说出自己的想法。我希望能在社交场合中感到自在、放松，能够放开手脚，做我自己，乐意说出自己的想法。

我致力于这样做，是因为这将帮助我对自己有真正的好感，在个人和社会环境中更有安全感，能控制而不是被控制，更被接受，有更多的乐趣和更多的快乐，感觉更轻松、更自由。

同样，把它当作一个处方，每天服用两次，早晚各一次，中间有机会就再补充一次，至少连续服用一周到十天，或者直到不再需要为止！

理想情况下，"身份声明"应该为促进其他更具体的领域铺平道路或奠定基础，只要我们用与其相一致的行动来贯彻它。

注意 在一天中，当你感觉到自己围绕"人际关系与亲密关系"这个主题产生了任何消极想法时，首先看看是否能确定是哪种消极想法。然后，提醒自己注意那个与其相反的、你确实想要的想法。如果它不在你的清单上，就把它加进去，再接着重复这个过程。

抗拒

如果你感到有任何抗拒情绪，没关系。你应对练习保持关注，并尽可能地重复它。我们很快就会应对可能出现的任何抗拒情绪，并解释表 2－5 中间那一列的作用。不过现在先休息一下，接下来我们将探讨如何让其效果更深入。

小心缺口

"不想要/想要"练习是个很好的开始，可以使你的想法和行为发生转向，创造出更积极的结果。如果你能通过这种方式得到一个积极的结果，那太好了，现在我们正从 U 形流动图的下方转向上方，你生活中那个领域将要开始改变。

但如果你仍有抗拒怎么办？我总是为我的学员在最初设置一个"不想要/想要"练习，要求他们思考某个他们想要努力改变的领域，互相聊一聊，创建一个"不想要/想要"列表。但是，当我在教室内徘徊、偷看他们练习时，我注意到一个问题。他们经常会聊一些与练习完全无关的事情，然后告诉我他们如何在五分钟内就完成了练习，这时候只是在打发时间。

但是，当我走近一看，他们几乎连表面都没触及到。在要求对方写下他们的"不想要"并将其转换为"想要"之后，我注意到他们往往做的是下面这两件事中的一件：

1. 几乎完全浮于表面，或者很一般，确实看不出有什么想要改变的内在动力。
2. 在某种程度上完全跳过了一个层次，"想要"和"不想要"根本不一致——同样是在做表面文章。

有趣的是，他们跳过的部分几乎都是真正需要转变的地方。他们在潜意识中抗拒——隐形的观念在影响他们的行为，一种微妙的威胁反应使他们停留在极其表面的层次，即我们的 U 形流动系统的顶端，而实际上，真正的改变需要在更深的一两个层次发生；也可能他们在回避真正的需求，于是跳到其他层次上，提前走了下一步。

我们可以这样想。如果只有简单的对立面，没有附加的情感意义，人们通常很少或不会去抗拒。感觉寒冷的人可能想变得温暖或热乎起来；感觉潮湿的人可能想变得干燥起来。

但是，如果我们把个人的、情感上的、习惯和行为上的问题带进来，由威胁反应引起的异常现象就会开始出现。让我们以减肥为例，这是一个让数百万人关注并受挫的领域。

如果我要求某人做一个关于减肥的"不想要/想要"练习，对他说"好，告诉我你想要什么"，通常我得到的回答是"减肥"。

但是，如果这个人直到现在还在为减肥而挣扎，就会有一个或多个原因。实际上，在适当的条件下，减肥并不难。在第二次世界大战期间，我的祖父在敦刻尔克被俘，当时他正在保卫一座桥，好让同伴能撤退到海滩上。他在集中营里待了四年，最后在战争结束时经历了三个月的"死亡行军"，靠吃草、虫子和任何能找到的残渣生存，他的体重很容易就下降了，在最终被解放的时候，他已经变成了一具行走的骨架。他并不想减肥，但当时的条件让他很容易减肥。

这可能是一个极端的例子，我绝不是在建议采取这种行动，但对于任何有体重问题的人来说都是如此——减肥本身其实并不困难，困难的往往是创造合适的条件来做到这一点，尤其是在当今影响因素这么多的情况下。

撇开遗传学、微生物学和其他生理因素不谈（这些我们将在第三章研究），如果我们想减肥或在生活中创造任何形式的转变，与其关注结果本身，不如关注如何创造合适的条件，这样做往往更有效，正如我们在依奇和凯特的案例研究中所看到的那样。一旦我们做到这一点，其他的事情往往就会自动解决了。

"不想要/想要"练习的目标之一就是帮助我们实现这一点，但很多时候，我们会在内心中对创造这些条件产生抗拒，这正是我们感兴趣的地方。在教室里走来走去时，我经常注意到，那个"缺口"或学生跳过的那一块正是创造合适条件的关键所在。如果你在之前的"不想要/想要"练习中发现自己有任何抗拒，那么现在我们需要仔细观察的可能就是这个缺口。

相冲突的想法和二级获益

当我们想要改变某件事时，如果想要的那个积极结果不在我们可接受的观念体系之内，那么我们就极不情愿说出那个想要的结果。真的很不可思议。还是以减肥为例，虽然大多数人很乐意说他们想减肥，但很多人觉得"我想变得苗条"让他们难以启齿，更不用说进一步详细解释，比如说感觉更有吸引力或更性感。

发生这种情况时，无论多么微妙，都是抗拒变化的标志。如果要取得成功，你就必须意识到这一点，并解决它。

有时候，只是最初有种非常轻微的不适，一旦表达出来，很快就会被接受。但有时候，抗拒会强烈得多——这就是恐惧，产生一些会导致问题的相冲突的想法。

要解释这一点，最简单的方法便是举例。我现在就沿用减肥这个的例子，尽管这些原则适用于生活中的各个领域。

比如，我们让一个想减肥的人给出他的不想要/想要清单，见表2-6。

表2-6 一个想减肥的人的不想要/想要清单

不想要	想要
我不想肥胖、超重	我想变得苗条、健康

听起来很棒，我看到我的很多学员都完成了这一步，他们认为自己这么快就完成了，是班上的佼佼者。但是，当我看到这个或类似的情况时，我总是要求他们对其声明的每一面进行深入挖掘，通常是用一个简单的问题，比如问："那是什么样子的？"然后再问："这又让你有什么感觉，获得什么结果？"这时就开始有趣起来了。

　　我：胖或感觉自己胖是什么感觉？

客户：感觉自我价值低。

　　我：这又让你有什么感觉？

客户：感觉没有吸引力……但很安全！

　　我：啊，好的。反过来说，身材苗条是什么感觉？

客户：自我感觉很好。

　　我：这又让你有什么感觉？获得什么结果？

客户：感觉更有吸引力……但很可怕！

你能看到问题所在吗？通过深入挖掘，我们化解了更多抗拒，不想要/想要清单变成了表2-7中的内容。

表2-7　更新后的不想要/想要清单

不想要	想要
我不想肥胖	我好想变苗条
这是什么感觉？ 自我价值低	这是什么感觉？ 自我感觉很好
这又让你有什么感觉？ 感觉没有吸引力（但很安全）	这又让你有什么感觉？ 感觉有吸引力（但是不安全）

通过提出问题并诚实地回答，我们突然意识到自己的一些隐形的观念和潜意识中存在的冲突。在这个例子中，如果我们尝试减肥，

就是在尝试把安全感变为不安全感，这让我们几乎毫无转变的动力，会使我们极易做出这样一些行为：它们表面上看起来像是自我破坏，但实际上是潜意识中的威胁反应，有助于"保护"我们。

虽然从表面上看，保持肥胖可能会给我们带来麻烦，但从深层看它是在帮助我们实现某个目标。当这种情况发生时，我们称其为"二级获益"。

要想在这个领域有任何成功改变的机会，我们需要放下对二级获益的需求。顺便问一下，你是否注意到冲突和二级获益涉及我们关于安全感的核心观念之一，即在这个世界上感到安全、有保障？

比如，我们之所以觉得苗条、有吸引力让我们感觉不安全，可能有很多原因，但它们都与我们的某种生活经历或某种认识有关，它们让我们产生了这样的想法和感觉。因此，我们现在可以开始向更深处挖掘，探索这些记忆和生活经历——就像我们对其他例子所做的那样，从而帮助我们理解和消除这些根源。

并非所有情况都要这样处理，但为了这个例子我们来试一试。假设我们最初经历了某种创伤或事件，使我们感到"苗条、有吸引力"并不安全。也许我们感到无助、无力、无法控制、无法对某人或某事说"不"，这使我们产生了极大的焦虑，以至于这种焦虑从此一直伴随着我们。为了使我们不再有这种感觉，威胁反应会不惜一切代价。

但是，让我们现在开始重新评估我们的经历，放下所有被压制或压抑的情绪，从新的角度感受和看待所有此类事件，这时我们会意识到，我们现在已经是成年人，更强大、更有能力行使选择权，能够对会给我们带来伤害的事情说"不"，对会对我们有利的事情说"好"。

所有这些都可以让我们形成一个新的想法、新的观念："现在我苗条了，这是安全的。"

记住，重要的是观念，而不一定是造成观念的原因。在催眠中探索记忆——尤其是回归疗法，是一个了不起的工具，不过它是一个帮我们达到目的的手段，而不是目的本身。我们真正需要做的是形成一些新想法来支持新的、想要的结果。

如何创造合适的条件使我们能够减肥？在这个例子中，显然我们需要接受的是：这样做对我们来说其实是安全的！

因此，很多时候，在"不想要"和"想要"之间会有一个缺口，即我们真正想要（甚至需要）的东西，有了它，我们就能实现最初想要的目标，见表2-8。而且，令人惊讶的是，这个缺口几乎总是涉及某个核心观念。

表2-8 "不想要""真正想要"与"结果"

不想要	真正想要	结果
胖		苗条
低自我价值	苗条并感觉安全	自我感觉好
感觉没有吸引力		感觉有吸引力
安全		感觉安全

之前，"我不想胖，我想变苗条"这样的想法可能会带来冲突，让你产生抗拒。但是，如果我们现在能把注意力集中在"苗条是安全的"这种想法上，就更有可能贯彻执行能带来最初期望的结果所需的那些行动。

接下来我们还可以添加一些具体的内容，它们既支持新的核心想法，又能由此拓展，我们可以将其用作自我暗示、口号或真正的肯定性话语。我们有时也可以用"这意味着"来表述，见表2-9。

现在苗条对我来说是安全的，这意味着我现在可以创造合适的条件来做到这一点。

表2-9　"不想要""新观念"与"这意味着"

不想要	新观念	这意味着
胖 低自我价值 感觉没有吸引力 安全	苗条让我感觉既有吸引力又安全，因为我现在是个成年人了，如果有必要，可以说"不"	我可以吃得更健康，进行更多的锻炼，觉得自己很有魅力，自我感觉良好，这些都是可以的

如果我们重复默念表2-9中"新观念"和"这意味着"这两列中的陈述，并能接受它们，我们就会注意到一种更深刻的变化，而非仅仅浮于表面。

如果要归纳一下，我们可以按表2-10中的这样说。

表2-10　归纳表述

不想要	真正想要/需要	这意味着
表面症状、原始问题及该问题对我们现在的影响	那些能让我们感受不同并因此能创造合适条件的观念，通常为核心观念	我们现在可以拥有需要的东西、做需要做的事，以及成为想要成为的人

如果你在做前面的练习时有任何抗拒，这可能意味着你需要下降一个层次，填补"不想要/想要"练习中的缺口。要做到这一点，你可以使用一个我称之为"三层深入"的方法。

三层深入

当我与客户进行一对一治疗、帮助他们在生活中的某个领域松开控制或继续前进时，我很少会按表面情况来看待事情。相反，在致力于帮助他们扭转局面之前，我几乎总是将U形流动图的层次降低至少一两层。但是，学生们经常会问我："你怎么知道要走多远？你怎么知道你何时找到了问题的根源？"

我通常会回答说，我会一直走下去，直到找到一个或多个核心观念，然后从那里开始扭转局面，但为了让事情变得更简单、给客户一个可以遵循的结构，我创建了"三层深入"练习。

该练习的目的是帮助客户，让他们——在本书中即你们——能够在三个层次上表达他们的问题，就好比一个小型的 U 形流动图。

这三个层次是：

第一层——现状是什么？

第二层——这是什么样子？

第三层——你有什么感觉？获得什么结果？

只要能诚实做答，每个问题都会把你的思想带入一个更深的层次，揭示出更多自动的、在潜意识中发生的过程，这些过程一直影响着你的思维、感觉和行为方式，而你往往并没有完全意识到这一点。

记住，越是能在深层次上带来改变，最终的表层转变就越深刻、持久。因此，如果做"三层深入"练习，先在最底层应用"不想要/想要"练习，然后再掉头往上走，往往就会得到比纯粹停留在表面上更深刻的转变。

很多时候，表层的想法可能看起来非常复杂，但越是深入挖掘，它们就变得越简单，越能打动人心。

你可以把这个"三层深入"练习运用到生活中的任何领域或任何让你产生抗拒的地方，但为了说明问题，我们要把它用在我们一直在探索的生活中的三个主要领域的"不想要/想要""愿望清单"练习上，看看还出现了什么。

练习 22

下到三层

时长：15～20分钟

是否需要记日记：是

是否需要伙伴：非必须，但会有很大帮助

练习背景

如果你已经做了"不想要/想要"练习，但还是有抗拒感，那么对发生的事情进行更深入的挖掘通常是对你有益的，而"三层深入"练习正是获得更多信息和洞察力的一个简单而有效的方法。

你可以把它应用到生活中的任何领域，但出于对这个练习的考虑，我们要把它应用到你需要立即改变的那"一件事"上，即你最初在"3-2-1愿望清单"上列出的在健康与幸福、事业与财富及人际关系与亲密关系每个领域想改变的那件事。

练习说明

第一部分

在日记本新的一页写上"健康与幸福的'三层深入'练习"这一标题。想一想你认为需要立即改变的与你的"健康与幸福"有关的一件事，然后制作像表2-11一样的表格，填满日记本该页的大部分以留出足够空间。

表2-11　健康与幸福的"三层深入"练习用表

三个层次	从前	现在
现状是什么？		
这是什么样子？		
你有什么感觉？获得什么结果？		

在表 2–11 中，写下你需要立即改变的与"健康与幸福"有关的"一件事"，即你目前正在做的某件事。我们继续使用前面的例子，那么这件事就是：让健康围绕其他事情转，它总是在我的清单上排在最后。

接下来问自己"这是什么样子"，并且花点时间真正思考一下。想一想，对你来说，生活在当前的情况下是什么感觉，注意这个过程中出现的任何感觉或情绪。把答案写在表 2–11 中对应的方框里。例如，就好像我总是落后，费尽气力要跟上，无法控制。

最后，想一想这个问题："你有什么感觉？获得什么结果？"并将答案写在表 2–11 中对应的方框内。例如，有点失落，感觉不够好，好像我在某些方面失败了，见表 2–12。

表 2–12　健康与幸福的从前三个层次

三个层次	从前	现在
现状是什么？	让健康围绕其他事情转，它总是在我的清单上排在最后	
这是什么样子？	就好像我总是落后，费尽气力要跟上，无法控制	
你有什么感觉？获得什么结果？	有点失落，感觉不够好，好像我在某些方面失败了	

你是否发现了那些被推到表面的核心观念，即"无法控制"和"不够好"？

如果我们现在能将"不想要/想要"练习运用到这个底层，放下所有"我不够好"的想法，会怎么样？如果我们也能将"认识到意义"练习和"增强'足够'感"练习应用到这个层面，会怎么样？

我们能不能暂时放慢脚步，暂停一下，站住，吸一口气，打断人们对负面含义的惯常反应，打击自己一下，试着在那个下行的自动扶梯上加速奔跑？我们能不能对出现的任何感觉坐视不理，让它们轻轻地过去？

我们能否考虑一下"真正的你"，那个处于所有恐惧和限制之下的你，无论如何已经足够好了，只要存在就足够好了？能否允许自己对自己感觉良好，即便尚未实现心中的目标？能否愿意放弃对自己进行任何评判，接受自己的本来面目？我们可能不喜欢这种现状，但能不能至少不再因此而评判自己，因为这只会对我们进行重新催眠和重新设定，让我们陷入一个循环。我们能不能告诉那个内部安全系统停下来，好让我们能重新获得价值感和控制感？

如果能做到这些，我们就可以拥有一个好得多的出发点，从这里开始行动。记住，无论是什么感觉在驱动某种行为，最终都可能只是产生更多相同的感觉。如果能认识到我们的价值感和价值及"我足够好"是与生俱来的、不可摧毁的、不容置疑的，我们就可以迈出坚实的一步，跨越我们的"三层深入"迷你 U 形流动图，创建一个新的第三层次，提供一个更坚实的基础，帮助我们更稳定地转向另一边。

现在，当我们问与新的第三层中的"我足够好"这一新核心观念有关的"这是什么样子"这一问题时，可能会发现，我们感觉更安全、更有保障、更有控制力、更有掌控感（见表 2–13），这形成了新的第二层次。如果我们接下来问："现在这意味着什么？"它意味着现在我们可以真正地、更轻松地专注于使健康成为头等大事，创造一个新的、更好的现状或"更理想的结果"（与我们的主 U 形流动图相比）。

表2-13　健康与幸福的三个层次

三个层次	从前	现在
现状是什么	让健康围绕其他事情转，它总是在我的清单上排在最后	健康成为头等大事，生活中的其他一切都要围着它转
这是什么样子？	就好像我总是落后，费尽气力要跟上，无法控制	我感觉更安全、更有保障、更有控制力、更有掌控感
你有什么感觉？获得什么结果？	有点失落，感觉不够好，好像我在某些方面失败了	我当下、现在这个样子就足够好

　　如果我们现在回头看看那份关于健康与幸福的总结性声明就会发现，与其说我们做这一切是因为它会给我们一些东西，即回答我们的"为什么"，不如说那个我们想要的东西，即"我足够好"的感觉，其实一直存在于我们内心。现在的不同之处在于，它不再是我们所追求的"结果"，而是发起改变的动力，来自于我们内心。与其追逐外部世界来创造一个不同的内部世界，不如专注于一个迥然不同的内部世界——"真正的你"，这有助于创造一个新的外部世界。

　　我们可以把这一点移植到那份关于健康与幸福的总结性声明中，甚至可以现在就放弃那些消极因素。

　　在我们一直使用的这个例子中，总结性声明现在变成了这样：

　　　　在健康与幸福方面，我足够健康，知道自己应该做什么，并且在我真正想做的时候能够自律。

　　　　但是，从现在开始，我想更多地记住我与生俱来的价值，记住不容置疑的"我足够好"的感觉，就像我当下、现在这个样子，因为越是接受这一点，我就感觉越好，越能掌控自己。

因此，我也就越发能成为一个将健康作为头等大事，让生活中的其他一切都围着它转的人。

每天早上醒来时，我都能感觉到行动自如、精力充沛、身体健康，能进行一天的工作。

即使在忙碌的时候，我也想花时间在吃的上，确保吃的东西对我有好处，吃完后能给我一种良好的、得到滋养的感觉。

我现在比以往任何时候都更致力于此，因为这反映了"真正的我"，一个没有恐惧和限制的我，一个生当如此的我。

看到了吧，在这个例子中，我们一开始想在健康与幸福方面有所转变，但是，在做了"三层深入"练习后，我们最终集中在自我价值感上；在改变这个价值感的过程中，我们感到更有控制力，这反过来又使我们的健康与幸福领域发生了更多表层转变。

当我们深入挖掘时，我们真正想要的东西总是会归结为一个或多个核心观念。如果有抗拒，也会出现在这个层面上。

第二部分和第三部分

现在，针对你在事业与财富、人际关系与亲密关系方面的"不想要/想要"练习中需要立即改变的"一件事"做"三层深入"练习。将你的回答记录在日记本新的一页上，方法与"健康与幸福"练习的第一部分相同。一定要为每个问题创建一份最新的总结性声明。

练习 23

真正的 "不想要/想要"

时长：15~20 分钟

是否需要记日记：是

是否需要伙伴：非必须

练习背景

每当我们寻求改变，都是因为我们想在某个方面有不同的感觉，如果挖掘得足够深，就总会涉及想从一个消极的核心观念转移到一个更积极的核心观念。只要能认识到这一点，生活就会变得容易得多，因为你只需要找出这个核心观念是哪一个，然后将注意力放在上面。

练习说明

回到日记中最初那个"不想要/想要"练习上，即你为"健康与幸福""事业与财富""人际关系与亲密关系"这三个类别分别做的这样的练习。

看看每一对陈述——"不想要"和"想要"，并记下哪个或哪些核心观念与其最为相关（在"不想要/想要"相关表格中的中间列，比如表2-2）。

把你从"三层深入"练习中发现的信息纳入进来，但问问自己这是否与"我不够好"的感觉有关，还是跟其他感觉有关，如安全感、控制感、被接受感、愉悦感、开悟感。如果不确定，你可以对自己关注的每个想法、陈述或"愿望"运用"三层深入"练习。

一定要这样做，因为我想让你意识到一切实际上是多么简单。

- 我们以为我们想改变健康与幸福状况……但我们真正想要的是改变一个或多个核心观念。
- 我们以为我们想改变事业与财富状况……但我们真正想要的是改变一个或多个核心观念。
- 我们以为我们想改变人际关系与亲密关系状况……但我们真正想改变的是一个或多个核心信念。

我们以为要改变外部的一些东西来帮助我们在内部感觉更好，但事实上，要想从我们所处的现状抵达理想中的外部状况并保持住，就必须专注于内部，在核心观念层面实现转变。

无论怎样做，无论在 U 形流动图的哪个层面上操作，我们都必须放下那层反映旧的消极核心观念的恐惧或限制，采用新观念，或者允许新的、更积极的观念来取代它。我们必须放下那个被生活催眠了的、条件作用下的恐惧的你，允许你与"真正的你"——更轻松、更自由的你——发生更紧密的联系。

正是这个更自由的你有不同的想法、体验不同的感受、采取不同的行为，而这些最终有助于你在生活中创造出不同的、更符合你的真正需求的结果。

无论生活在表面上看起来多么复杂，其背后都可以归结为我们对自己、对生活的一些想法，其中很多甚至在一开始就不是真实的。

"踏脚石"观念

之前我说过，我注意到，客户在做"不想要/想要"练习时会跳过一个步骤。我的意思是，他们并不会写下相反的内容，而是写下两个表达了"不想要"和"想要"的内容的短语，见表2-14。

表2-14 "不想要/想要"练习的错误示例

不想要		想要
感到焦虑		成功（？）

焦虑和成功并不是相反的。如果这样做，那么无论做多少努力、多么坚持不懈，但是因为做的是跳跃式前进，跳过了一个重要步骤，所以永远只会浪费时间。其结果通常是痴心妄想，而非积极思考。我们并没有穿过吊桥进入城堡，而是发现吊桥已经升起，我们掉进了护城河，为自己感到不安、遗憾。

为了将痴心妄想（给我们带来美好的想象，但很少有建设性的成果）转化为积极的思考，鼓舞、激励我们采取积极的行动，我们必须填补一个缺口。

若要找出需要在缺口中填补什么，有很多办法。有一个办法很简单，可能就是问几个问题：

- 为了获得成功，我需要思考、感觉或相信什么？

- 感到焦虑和不成功之间有什么联系？

- 我们所说的"成功"到底是什么意思？我们为何会把它视作焦虑的对立面？

● "成功" 能让我们感受到我们现在无法感受到的哪些东西?

思考你的回答,或者与 E.S.C.A.P.E. 伙伴讨论,通常你会发现究竟发生了什么。

我们也可以将 "深入三层" 练习应用于此,见表 2 – 15。

表2-15 "深入三层"练习的应用

三个层次	从前	现在
现状是什么?	焦虑	愿意放手一搏,看看会发生什么,勇敢去做
这是什么样子?	令人沮丧,令人烦恼,因为自己踌躇不前	感觉更安全,愿意放手一搏,不用担心被拒绝
有什么感觉?获得什么结果?	什么也没做,什么也没做成,感觉很失败	我可能失败了,但这并不意味着我很失败。无论我做什么,我都足够好

这时我们发现,成功的反面(失败)就在那里,在另一边,有三层深。而焦虑的反面(安全地放手一搏)也在那里,在另一边,但却只有两层深。不过,既然我们知道真正发生了什么,就可以把它插回我们的 "不想要/想要" 练习中,填补缺口。这些想法就像踏脚石,帮助我们从一边走到另一边,因此我们可以称之为 "踏脚石观念"(见表 2 – 16)。这样做的时候要注意,标题会略有变化。

表2-16 踏脚石观念的应用

不想要	踏脚石观念	意味着
感到焦虑	无论我做什么,我都足够好。我感觉更安全,愿意放手一搏,不用担心被拒绝	我可以做取得成功所需的事情

我相信你已经注意到，踏脚石观念总是与一个或多个核心观念相关，在这个例子中是"我足够好""安全"和"被接受"。

之前如果我们只单纯地关注成功，威胁反应就会在潜意识中启动，很可能导致我们破坏自己的努力、不去采取行动或拖延时间。通过关注踏脚石观念及增强"我足够好""安全"和"被接受"的感觉，无论发生什么，我们都能感到更自由，可以放手一搏，并采取必要的行动来实现我们所期望的成功结果。

练习 24

踏脚石观念

时长：15～20 分钟

是否需要记日记：是

是否需要伙伴：对发现我们自己看不到的异常情况可能会有帮助

练习背景

有时，在做"不想要/想要"练习时，我们的"想要"和"不想要"其实并不对立。发生这种情况时，通常会有一个缺口，需要用我们称为"踏脚石观念"的东西来填补。如果想获得成功的结果，找到这个缺口出现在哪里并填补它就至关重要。在这些情况下，正是这个踏脚石观念让我们真正创造或实现了我们心中的目标！

练习说明

回顾所有的"不想要/想要"练习，检查一下是否有任何地方出现了"不想要"和"想要"并不真正对立的情况。让你的 E. S. C. A. P. E. 伙伴帮你检查，他们比较客观，可能会对你有帮助，否则你的威胁反应可能会让你产生轻微抗拒，无法正视缺口，只认识到事情的表面价值。总之，威胁反应想让你跳过这个练习。

如果你发现了某个异常情况，问问自己以下这类问题：

- 为了拥有/成为_____（"想要"），我需要思考、感觉或相信什么？
- 这些不对立的"不想要"和"想要"之间的联系是什么？
- 我所说的_____（"想要"）是什么意思，为什么我将其看成与_____（"不想要"）相反？
- 拥有/成为_____（"想要"）会让我感受到什么现在感受不到的东西？

对于发现的任何异常情况，你都需要做一个"三层深入"练习，从而帮助自己找到你认为需要用作踏脚石的核心观念，以便到达你想要去的地方，然后相应地更新你的日记。如果这一切听起来很复杂，那就的确是复杂——但也不复杂。我们只不过是在问……

如果你想从这里……到这里……并留在那里……目前是什么在阻碍你或阻止你？而你需要接受或相信什么才能最终让自己获得成功？

所有这些练习都是为了这个目的，但批判思维随时会跳出来，激活威胁反应，这就是为什么我们必须不断检查和挖掘可能有的每一种抗拒。

目前，我们只需要再做一个这方面的练习。之前我们提到了二级获益导致冲突这个看法，所以现在也来做一个练习，检查一下是否有这些情况。

练习 25

检查二级获益情况

时长：15～20分钟

是否需要记日记：是

是否需要伙伴：自主决定

练习背景

如果你在通读自己的"想要"时仍然产生抗拒，那么就要检查一下是否有二级获益，这很重要。二级获益指的是从表面上看，我们的问题似乎是个难题，但其实它是在为某个目的服务，是在以一种害怕放手的方式保护我们（就像前面的减肥例子一样），感觉没有吸引力其实有助于保持安全感。

如果你的任何一个"想要"使你离开某个积极的核心观念，走向某个消极的观念，你就会感到抗拒。为了消除抗拒，你必须要能解决冲突，这样一来，朝着"想要"的方向前进就只会增加积极的核心观念。

练习说明

在健康与幸福、事业与财富、人际关系与亲密关系这三个主要领域中，通读你的"不想要/想要"练习，并在阅读过程中检查是否有任何内在的恐惧或抗拒情绪。

关注"想要"，问自己：

● 我是否害怕这样做的话会发生什么事情？如果是的话，是什么？

- 我是否害怕会有什么感觉？如果是的话，是什么？

- 我是否害怕要放弃什么？如果是的话，是什么？

同样，这一点非常重要，因为正是这样的小细节在我们试图发生改变时产生了巨大的影响。

有时我们的恐惧或抗拒可能并不明显，但如果我们愿意倾听、关注，我们的身体总是会告诉我们。当我们读到挑战我们观念的想法时，威胁反应会发出微妙的——或不那么微妙的——信号，如紧张、压力、抽搐、疼痛或痛苦。

对所有引发这种情况的想法做一个"三层深入"练习，明确自己是否认为走向这些"想要"会涉及积极的核心观念的丧失或消极信念的增加。

把回答写成这样的总结性声明：

- 我真的很想_____（你的"想要"），但又害怕如果这样做，我就会_____（你的恐惧/损失）。

在我们之前使用的减肥例子中，就变成了：

- 我真的很想减肥，但我担心如果我减肥的话，会感到不安全。

问问自己：

- 我需要感受、相信或接受什么，以使我可以向我的"想要"方向发展？

你的回答通常与旧的消极核心观念相反，即不安全变成安全，失控变成受控。

有了回答后，你需要把它写成一个包含"但实际上"的陈述，同时用"在此之前"把句子中的"从前的恐惧"部分改为过去式。

- 我真的很想_____（你的"想要"），在此之前还在害怕，如果我这样做，就会_____（你的恐惧/损失），但实际上_____（关于它的新核心观念）。

例如：

- 我真的很想减肥，在此之前我一直担心如果减肥我会感到不安全，但实际上，现在减肥对我来说是安全的，所以我能去做。

画线的部分是我们真正需要关注的，之后我们的行为就可以跟上了——前提是我们尚未讲到的所有东西对这个想法都没有内部抗拒。

每当我做这种练习时，我的最终目的是帮助某人从"我不能/无法……"变成"……但现在我可以"。

- 我不能减肥……但现在我可以了！
- 我不能把健康放在首位……但现在我可以了！
- 我无法在工作中表现出色……但现在我可以了！
- 我无法让自己接受甜蜜的恋爱关系……但现在我可以了！

我们必须确保对健康与幸福、事业与财富、人际关系与亲密关系这三个主要领域中的每一个领域都进行彻底的改造，以免受潜意识中的抗拒情绪的影响。请记住，只要我们愿意坚持不懈地去面对一些事情，恐惧的对面就是自由。

如果所有这些"不想要"和"想要"看起来有点啰嗦、过于复杂，还有另一种方法可以做到这一点，而且通常更快。继续阅读，了解一些"生活隐喻"（Life Metaphors）和"隐喻蜕变技巧"（Metaphormosis Technique），不过你需要正确掌握"不想要"和"想要"的概念，它们才能发挥作用。

生活隐喻

有时候，如果能把问题从我们身上拿走，客观地检查一下，然后以一种改进了的、理想的、转变后的新方式把它们放回去，是很有用的。要想做到这一点，有一个简单而有效的方法，那就是使用比喻和隐喻。从语法上讲，比喻是指我们"像"某个东西，而隐喻则是指我们"是"那个东西。两者都可以，但隐喻似乎更有影响力。

- 在法庭上，她像一头母狮子——比喻。
- 在法庭上，她是一头母狮子——隐喻。

- 在拳击场，他像一头愤怒的公牛——比喻。
- 在拳击场，他是一头愤怒的公牛——隐喻。

我经常使用这些"生活隐喻"来帮助客户进行"身份转换"，特别是在必须进行极大幅度角色转变的情况下，比如在体育或商业场合。

- 作为一个父亲，我是一只俏皮的熊……作为一个英超足球运动员，我是一头致命的猎豹。

这个公式基本上是"在一个角色中，我是这样的，但在另一个角色中，我是那样的"。你可以把它应用于生活中的任何领域或情况。对于男人来说，詹姆斯·邦德被提及的频率之高令人惊讶！

作为一个练习，让我们把它应用于我们一直在谈论的三个主要领域，因为一个好的隐喻可以真正帮助我们巩固先前略显啰嗦的练习。

练习26
创建你的"生活隐喻"

时长：5分钟

是否需要记日记：是

是否需要伙伴：不需要，但可能会在提供想法上给你帮助

练习背景

对生活中的某些领域做出隐喻可以帮助我们利用所选择的隐喻的特征，使我们具备渴望得到的那些品质。

练习说明

第一部分

1. 对于健康与幸福、事业与财富、人际关系与亲密关系这三个主要领域，想一个人、一个动物、一件物品或任何能想象出来的东西，将其用作有用的隐喻来说明当"真正的你"在这些领域中完全实现自我、被激活时，会是什么样的。

2. 对于你的每个选择，记下是哪些你渴望具备的品质促使你选择这个或这些隐喻。

举个例子，见表 2 - 17。

表 2 - 17　有关隐喻的举例

三大领域	隐喻	品质
健康与幸福	我是一名功夫大师	自律、敏捷、强壮、有力、冷静、平静
事业与财富	我是一支箭	专注、瞄准目标、坚定不移、真心实意
人际关系与亲密关系	我是一本打开的书	向所有人敞开，帮助所有人，没有什么可隐藏的，一张空白的画布

不要跳过这一步。强迫自己这样做就是在强迫你的潜意识直面一切，给你带来更深刻、更持久的转变。

第二部分

当你在生活中的各个领域扮演不同角色时，特别是当你需要"挺身而出"并以某种方式进行表演时，只要你愿意，随时都可以重复这一步骤。你也可以汲取一个以上的人或物的品质，把它们结合在一起。

在日记中记下所有这样的角色和相关的隐喻。

"生活隐喻"可以是强化积极想法的非常有力的工具，但如果我们的"生活隐喻"——当我们想到它时——是消极的呢？

这就是下一个练习的美妙之处。通过将"生活隐喻"练习与"三层深入"练习结合起来，我们往往可以得到令人难以置信的蜕变，而且往往非常迅速。因此，下一个方法的名称是"隐喻蜕变技巧"。

练习 27

隐喻蜕变技巧

时长：10~15 分钟

是否需要记日记：是

是否需要伙伴：只要他们提出问题，不给出太多建议，就能真正提供帮助

练习背景

有些人喜欢使用大量的隐喻，这些隐喻本身就可以成为令人难以置信的有效的转化工具。在"隐喻蜕变技巧"中，我们做了一个"三层深入"练习，但只使用隐喻。

比如，以下是我最近在一个课程中做这个练习时得到的结果。

我：描述一下现状。

学员：当我和我女儿吵架时，我们两个杠上了，感觉就像一列失控的火车，马上就要从和谐的轨道上脱落下来。

我：那是什么样子？

学员：飞快移动，一切都进行得太快了。

我：结果是什么？

学员：猛烈相撞！

我：好的，你不想猛烈相撞，那么你想要什么？

学员：我宁愿驾驶帆船。

我：那是什么样子？

学员：更慢，更有控制力；微风习习，水面平静。

我： 那么现在的情况开始给你什么感觉？

学员： 更像是在平稳地驾驶帆船，团队合作。

然后，我们创建了一个总结性想法，让他回去使用，并且保持关注。

我： 每当你感觉要和女儿杠上时，不要让冲突变得像一列失控的火车，飞速行驶，那肯定要撞上……深呼吸，呼气时，想一想帆船，慢慢前进，微风习习，水面平静，它更有控制力，这样你们就可以作为一个团队一起努力，事情就可以更像帆船在平静地航行。

练习说明

1. 对于健康与幸福、事业与财富、人际关系与亲密关系这三个主要领域中的每个领域，都做一个"三层深入"练习，但只能使用隐喻。

你可以在练习过程中使用其他词汇，可以描述自己的感受和情绪，但只将隐喻放在"三层深入"练习的表中。对许多人来说，这并不容易，但我发现，努力坚持总是很值得的。

通常情况下，在描述某件事情时，人们很容易用到比喻，它们会自然出现。比如，我的一个学员说，她害怕变得更健康，因为她知道这会给她带来更多的能量，她对此感到害怕。"我的能量是独立于我的东西，就像一只盘绕的弹簧，"她说，"而我一直有点像只悲伤的树懒。"所以我们把它放在表2-18的相应位置，尽管从技术上讲它是一个比喻。

表2-18　"三层深入"与隐喻结合示例一

三个层次	从前	现在
对现状的隐喻或比喻	像只悲伤的树懒；我的能量独立于我，像一只盘绕的弹簧	
对"这是什么样子"的隐喻		
对"你有什么感觉"的隐喻		

2. 接下来在每个层次上问这些问题，沿着表2-18中的第一、二、三层往下问，为每个层次创造一个隐喻或比喻。

3. 完成了上述步骤后，问自己："有没有比_____（从前的第三层的隐喻）更好的隐喻？"把回答写在表2-18中现在的第三层的隐喻对应的方框内。

4. 现在，有了这个新的第三层隐喻后，问自己："这是什么样子的？"为之创造一个隐喻，把它写在表2-18中现在的第二层的隐喻对应的方框内，因为我们又向上移动了。

5. 最后，想一想这样做的影响，为新情况生成一个新隐喻。

6. 创建一个总结性声明，基本上是这样的：如果有一天你开始感觉到_____（从前的现状隐喻），现在不用这样了，你可以想到_____（新的现状隐喻）。

表2-19就是上面那个例子已经完成的样子。如果你能对目前对你来说有挑战或困难的任何生活领域及我们一直关注的三个主要领域这样做，它将为你开放各种选择，创造新的视角。**最终成果也将是一个更真实地反映"真正的你"的隐喻，这个你摆脱了恐惧和限制，现在能够成为你生来就该成为的人。**

表2-19 "三层深入"与隐喻结合示例二

三个层次	从前	现在
对现状的隐喻或比喻	像只悲伤的树懒；我的能量独立于我，像一只盘绕的弹簧	一只河马、一只蝴蝶（见下面的解释）
对"这是什么样子"的隐喻	（太危险了，不能放出来）可能会随时爆炸并摧毁我	像一道彩虹，鼓舞人心，充满创造力
对"你有什么感觉"的隐喻	（被毁掉了……）像一只被压扁的青蛙	（不再是一只被压扁的青蛙……）我宁愿做一个胜利天使，吹着那种大喇叭

于是，我的学员从前像一只悲伤的树懒，能量独立于自己，像一只危险的盘绕的弹簧，现在则拥有了河马的强壮和蝴蝶的转瞬即逝，她的能量能鼓舞她。"更像我自己。"她说。这意味着她现在可以通过变得更健康、更有活力而获得更多的能量。

起初，这些可能看起来很奇怪……但只有当你自己这样做的时候，你才会明白这种改天换地的影响！还有一件事要认识到：这里又涉及了一些核心观念，从不安全、失去控制力转变到感觉安全、可控制。很多时候，为了除旧布新，我们必须问自己："为了接受新的想法，我需要思考、感受、相信或接受什么？特别是，我需要接受或关注哪个核心观念？"

到目前为止，我们所做的练习大部分都非常注重解决方案，处理的是当下的思想、观念和想法，而不特别需要我们去挖掘过去。可是，如果我们仍死死抓住那些让我们的情绪变得激烈的记忆和经历不放，就会发现很难获得持久的成功和改变，因为我们的大脑在参考这些记忆和经历来指导我们该成为什么样的人，以及该期待什么。在进行了超过 17000 次的一对一咨询后，我看到，获取根源想法、使用回归疗法来唤起记忆是带来深刻和持久转变的最快和最有效的方法之一，所以现在让我们更仔细地看看这个问题，探求如何将其应用于你自己的情况。

相同的感受，不同的故事

回想一下 U 形流动图，你就能看出：我们所要做的是找到那个能帮助自己打破这些循环和思维模式的最佳位置。在与客户交流时，我还要寻找一些根源性的东西，其中之一便是一些实例，它们印证了这样一个规律，我们可以称其为"相同的感受，不同的故事"。

我的意思是，尽管构成我们生活中某个特定故事或事件的情况、人物、事件、对话和行动可能大相径庭，但它们带给我们的感受或情绪是相同的，因此可能提供一些线索，提示我们问题的真正根源。

在对客户进行治疗时，大多数情况下我可能会先帮助客户放松下来，让他们向内走，然后使用回归疗法来追踪这些感觉的起因，用"不想要/想要"这类方法下降到某处，抵达某个层次。但我不想鼓励你在没有专业指导的情况下这样做。虽然这样做可以得到激动人心的结果，但这个过程本身有时也会变得相当戏剧性。不过，还有很多事情你可以自己做，稍后我们将做一个这方面的练习。但我们先快速看一个案例研究来帮助我们理解。

案例研究

萨曼莎加薪了

当二十六岁的萨曼莎向我寻求帮助时，她正在从事珠宝定制业务。作为该领域的专家，她经常在世界各地采购独特的宝石，为她供职的那家著名公司的客户制作美得惊人的钻石戒指、珠宝项链和看起来价值连城的手镯。

"我爱钻石。"她告诉我时眼睛里闪烁着光芒。能看出，她是真心实意的。"我爱我的工作，我爱我工作的这家公司，"她继续说，"但我的工资远远低于我的工作应该得到的水平，我很害怕要求加薪。我曾经要求过，但他只给我加了百分之一，这简直像是一种侮辱，是对我极大的不尊重。"

我越是询问她，就越是意识到这远非一个人在要求加薪时感到紧张的普通案例；这不仅仅是紧张的问题。当她向我描述这种情况时，她开始表现出高度的焦虑和恐慌，甚至一谈这个话题就开始眼泪汪汪。

我让她闭上眼睛，放松，向内走，跟着感觉走，我们先回到了她向爷爷借钱买房付定金时的场景。

她用了完全一模一样的词来描述这个场景——惊恐、无法控制、无力、不能说话——就像她在谈到要求加薪时一样，这样我们就有了一个"相同的感受，不同的故事"方面的极好的例子。

我继续深入挖掘，我们发现她在六七岁的时候，不得不向她爸爸要钱，她的感觉完全一样——强烈的焦虑，想避开他的目光，好像自己做了什么见不得人的错事一样。又一次，相同的感受，不同的故事。

我们顺着她这种感觉继续向下挖掘，发现了一个场景，她当时还很小，觉得自己会因为自身而被指责，而不是因为自己做了什么，这导致她觉得自己好像自身有什么问题（即不够好），这已经开始成为她小时候反复出现的一种感觉。她那天向父亲要钱时，父亲的反应将两者联系在一起，因此要钱和她作为一个人本身便是有问题的联系。二十多年后，当她考虑向老板要求加薪时，她产生了一模一样的感觉，在潜意识中，她给加薪这件事赋予了与向爸爸或爷爷要钱相同的意义。

在我带她回忆这些时，她那个小小的自己的恐惧和羞耻感涌了出来。情绪释放出来后，我们就可以帮助那个孩提时代的她看到事情的真实面目，而不是她对它形成的错误看法，因此她开始放松下来，感觉也更好。

她意识到自己实际上没有什么问题，有时去要一些东西是完全正常的，包括在需要的时候要钱，这样想之后，要求加薪的想法（她知道自己完全配得上加薪）似乎突然变得容易接受得多，因为她现在能够赋予它不同的意义。

在接下来的一周，她带着比往常更灿烂的笑容来到我这里，并且汇报：上一周的课程结束后，她做的第一件事便是要求与老板会面。她平静而自信地陈述了自己的情况，老板同意全额加薪，没提任何反对意见，这其实就证明给她的工资太低！

很多时候，当我们不再下意识地期望别人以某种方式对待我们或我们周围的人时，别人似乎也下意识地发现了这一点并相应地调整其行为。之后我们就不再寻找或吸引那些能重现旧日感受的体验。相反，我们会打破这个循环，去寻找或吸引那些与新感受产生共鸣的新体验——在萨曼莎这个例子中，就是自我配得感、自信和价值。

我对萨曼莎使用的是一个曾成千上万次使用的过程，即通过获取那些因被触发而造成表面症状的潜在观念和情绪，使人们摆脱成瘾、创伤、自我破坏、焦虑、恐慌、虐待和一大堆其他症状和问题，包括很多身体上的疾病。有时只需要一两次治疗，有时则需要数周或数月，这取决于具体的案例。

我们不需要对每一个问题都获取情感记忆，但这可以非常快速地给我们带来深刻的变化，特别是在有证据表明有重复性模式的时候。这可能是我所知道的能清除旧日创伤的最亲切、最快速和最有效的方法，特别是与其他练习相结合时，可以省去很多年的传统疗法和治疗。

现在，如果你觉得有一个过去未解决的问题仍在影响你，那么我们一起做个练习来帮助你。

练习28
———

跟着感觉走

时长：30~60分钟

是否需要记日记：是

是否需要伙伴：会有帮助

练习背景

如果觉得在表层上很难做出改变，可能是我们还在抓着那些对我们有意义的记忆或创伤不放。有时可能只是一件事，有时则可能是累积起来的一系列事件。如果我们能找出所有让我们产生和过去相同感觉的情况——相同的感受，不同的故事——就能知道该关注什么，以便最终能放下，迈步向前。

练习说明

我们最终要寻找的便是这样一些情况：故事、人物和事件本身可能不同，但我们所体验到的感受和情绪是相同或相似的。

不过，首先要想一想在你的三个主要领域（健康、事业、关系）中需要立即改变的"一件事"，并在日记本新的一页上写下你在每个领域中想到的反应最强、能随口说出来的一个评价。比如，下面这些就是一个很好的开始：

- "我减不了肥。"
- "我有一个白痴老板。"
- "我在亲密关系中永远不满足。"

有时候，当我们遇到这些情况时，我们会在内心自言自语或随口一说，这实际上是在字字句句地陈述对我们产生影响的隐形观念。但更多时候，最初的随口一说或反应是对表面症状的描述。

我们现在知道，可以在这个层面上做"不想要/想要"练习，也可以使用"三层深入"练习或"隐喻蜕变技巧"来探究得更深一点，以便获得最好的结果。但无论如何，在试图深入挖掘之前，对这个初始声明进行扩展通常都是有益的。

一旦有了最初的评论或情绪爆发了出来，我们就需要写下我们对它的含义的描述，要尽可能详细。这更像是一种发泄或咆哮，而非更有条理的"三层深入"类型的练习，尽管达到的目的是相似的。

为了获得真正的益处，我们需要尽可能多地传达感受和情绪方面的内容。感受和情绪是我们的观念的表现——**跟着感觉走，就能找到我们的观念。**

而且，顺便说一句，只是想着要这样做和实际表达出来（无论是口头上的还是书面上的）是不一样的。在对客户进行治疗时，我几乎总是让他们大声说出想法，而且经常让他们无数次地重复一些短语，因为这能大大增强这个练习的有效性。所以，如果有用的话，为了这个练习考虑，你可以想象你正在把它写给我看，你也可以用手机或其他设备上的录音工具录下来，假装你正在讲给什么人听。

　　如果你是在和伙伴一起做这个练习，如前所述，你可以让他们做听众，前提是他们必须是你信任的人，而且愿意不带任何偏见来倾听。与独自做这个练习相比，和他人分享你内心的想法，告诉他们你心中藏着的恶魔，会更有力量、更有宣泄力。

　　顺便说一句，如果你觉得对这个练习有任何抗拒，那就太棒了！这种抗拒其实是在摇旗呐喊："在这里挖掘！"所以，一定要保证在开始这项练习时把抗拒情绪也表达出来。譬如："我真的看不出做这个练习有什么意义，但是……"

　　还要记住，你是为自己做的，而不是为我。（也许还为了整个物种，但不要有压力——进化通常需要花几百万年，所以不要着急！）

　　花点时间好好进入这个状态。如果有帮助，就像我们之前做的那样，做几次深呼吸，闭上眼睛。想一想身为自己是什么样子的；想一想外面发生的事情给你内心带来的想法和感受，并尽可能详细地将其表达出来。

　　"我减不了肥"变成：

　　　　我没有意志力。每天开始时我的想法都很好，但到了晚上，当我总算坐下来的时候，我就只想吃零食、喝酒、美餐一顿。好像我根本不在乎，总是对自己说明天再开始。我想这是我唯一的、只属于自己的时间。在一天中的其他时间里，我都在顾及每个人、每件事，但到了晚上，我总算回到家，有了一些属于自己的时间，我只想好好享受。有时这也是我唯一可以思考的时间，我并不总是喜欢想到的东西，所以靠吃东西来让自己不去思考。当我照镜子的时候，我觉得自己很丑陋，毫无吸引力，极其失败。减肥太难了！

"我的老板是个白痴"变成:

> 我在工作中感觉特别沮丧。似乎无论我做多少工作或付出多少努力,都永远不够,我的老板就是不听。我有很多知识和经验可以传授,但我的老板似乎夺走了所有的功劳,拿走了所有的钱,明明都是我干的活。太不公平了。我好像从来没有被大力赞赏过,徒劳无功。这太让我生气了,这有什么意义?如果我要求什么,他也不会给我。我感到很无助。

"我在亲密关系中永不满足"变成了:

> 我爱我的丈夫,但他永远不会以我想要的方式满足我。他这人没有感情,从不表现出关心我——我希望他能表现出一些爱意,或者让我感到被爱,感到他确实关心我。我只想逃避,这让我想到了和别人在一起。我曾经花几个小时做白日梦,幻想着被爱,甚至想接近某人。我担心我最终会做出破坏家庭和让我的孩子伤心的事情。我感觉陷在里面,被困住了。他太像我父亲了,我不觉得他有能力改变。

现在,完成了这个初步表达后,我们需要回过头来看看我们所写的东西,并在任何有可能引发情绪的词语或短语上画线或画圈。比如,"我的老板是个白痴":

> 我在工作中感觉特别<u>沮丧</u>。似乎无论我做多少工作或付出多少努力,都<u>永远不够</u>,我的老板就是<u>不听</u>。我有很多知识和经验可以传授,但我的老板似乎夺走了所有的功劳,拿走了所有的钱,明明都是我干的活。太<u>不公平</u>了。我好像<u>从来没有被大力赞赏过</u>,<u>徒劳无功</u>。这太让我生气了,<u>这有什么意义</u>?如果我要求什么,他也不会给我。我感到很<u>无助</u>。

让我们把这些情绪化的词语或短语都拿出来：

- 沮丧

- 永远不够

- 不听

- 不公平

- 从来没有被大力赞赏过

- 徒劳无功

- 生气

- 这有什么意义

- 如果我要求什么，他也不会给我

- 很无助

有了这份情绪化词语或短语的清单，你只需关注这些感受，无须关注其背后的故事，感受一下，看它们是否似曾相识。

- 这些感觉对你来说是否熟悉？
- 你是否识别出这些感觉？
- 你能感受、感知、想象到其他时候有过相同或类似的感觉吗？
- 最近几年？
- 年轻的时候？
- 青少年时期？
- 孩提时代？

不要绞尽脑汁去回忆什么——这没用。再者，其实我们感兴趣的不是回忆，我们寻求的是那些曾令我们情绪激烈的想法、那些夹裹着各种情绪的观念。

不要太费力做这个练习。只要想一想做自己是什么感觉，然后跟着感觉走，无论它们把你带到哪里。你可能会发现，先大声说出来而不是写出来，会让想法更流畅。

这是我们的另一个例子，"我减不了肥"：

> 我没有意志力。每天开始时我的想法都很好，但到了晚上，当我总算坐下来的时候，我就只想吃零食、喝酒、美餐一顿。好像我根本不在乎，总是对自己说明天再开始。我想这是我唯一的、只属于自己的时间。在一天中的其他时间里，我都在顾及每个人、每件事，但到了晚上，我总算回到家，有了一些属于自己的时间，我只想好好享受。有时这也是我唯一可以思考的时间，我并不总是喜欢想到的东西，所以靠吃东西来让自己不去思考。当我照镜子的时候，我觉得自己很丑陋，毫无吸引力，极其失败。减肥太难了！

- 只想……美餐一顿

- 我根本不在乎

- 唯一的、只属于自己的时间

- 顾及每个人、每件事

- 属于自己的时间

- 想好好享受

- 并不总是喜欢想到的东西

- 靠吃东西来让自己不去思考

- 很丑陋，毫无吸引力，极其失败

- 减肥太难了

最后一个例子，"我在亲密关系中永不满足"：

我爱我的丈夫，但他永远不会以我想要的方式满足我。他这人没有感情，从不表现出关心我——我希望他能表现出一些爱意，或者让我感到被爱，感到他确实关心我。我只想逃避，这让我想到了和别人在一起。我曾经花几个小时做白日梦，幻想着被爱，甚至想接近某人。我担心我最终会做出破坏家庭和让我的孩子伤心的事情。我感觉陷在里面，被困住了。他太像我父亲了。

- 我爱

- 永远不会满足我

- 没有感情

- 从不表现出关心我

- 我希望他能表现出一些爱意

- 让我感到被爱

- 感到他确实关心我

- 我只想逃避

- 和别人在一起

- 花几个小时做白日梦，幻想着被爱

- 感觉陷在里面，被困住了

- 太像我父亲

在对客户进行治疗时，这些词语和短语正是我在寻找并要深入挖掘下去的，无论是用"不想要/想要""三层深入"还是"跟着感觉走"等方法。为了做好这个练习，你要跟着这些感觉走，让它们带你到该去的地方，在日记中记下脑海中出现的任何回忆。

如果你的大脑在跟着感觉走的过程中回想起这些记忆，那么很有可能你的大脑（内部图书馆管理员）正在参考这些记忆来指导你该做什么、如何做，并且正在提供支持性证据来说明为什么你需要以你的方式来思考、感受和行动。

一开始接触这些有时会非常痛苦，但记住，如果我们能识别这些感觉并释放它们，而不是对它们做出反应，就能最终获得自由。越是能记住这些感觉，并找到某种方法来表达原始的情绪内容，就越有可能做出宣泄性反应，并因此而感到更轻松、更自由。

注意 如果感觉太多或者太可怕，你应该寻求专业帮助，好让自己在安全的方式下进行这些练习。请参考本书最后的"下一步"部分以获得更多这方面的指导。

我们要在这最初的倾诉及在任何浮现于脑海的相关记忆中寻找的是能证明威胁反应、核心观念或我称之为"观念声明"存在的证据。

观念声明说起来好像是个事实，但实际上它往往只是一个我们坚定持有的观念。

- "我很失败。"
- "健身是不可能的。"
- "我永远找不到真爱。"

每当我听到这样的观念声明时，我通常只是问："在什么方面？"同时，我会使用类似"三层深入"的方法来引出它背后发生的事情。如果我们只试图在表面层次上应对它，就可能遭遇愤怒、恐惧——抗拒。

"我很失败。"

"不，不是。"

"是的，就是！"

"健身是不可能的。"

"不，不是的，你只需——"

"你当然说起来轻松！"

"我永远找不到真爱。"

"你当然会。"

"真的吗？那为什么到现在我还没找到？"

威胁反应会在观念声明受到直接挑战时启动。但是，如果深入挖掘，你通常会接触到你的想法或记忆中那些原始的、情绪化的内容，并能启动一个更有成效的解决方案。

如果能确定表现出的是核心观念中的哪一个，你也可以参考相关的"增强你的……感"练习来对此进行补救。

一旦对真正发生的事情有了更深的了解，我们原来的观念声明通常就会软化，我们可以通过再次加上"在此之前"和"但实际上"来测试是否可以形成一个新的想法。例如："在此之前，我一直相信_____（从前的观念声明），但实际上_____（新见解）。"

比如：

- 在此之前我一直认为我的老板是个白痴，但实际上我只是感到沮丧，因为我低估了自己的价值，没有机会好好"证明我的价值"。如果我更重视自己的价值，我的老板就会在对我的态度上反映这一点，或者我就会在其他地方找到一份新工作。

- 在此之前我一直认为健身是不可能的，但实际上在适当的条件下，健身很容易。我一直不敢戒掉安慰性进食，也不敢戒酒，因为我感到害怕、孤独，但如果能应对这个问题，我就能改变我的饮食行为，开始锻炼，健身就会容易得多。

- 在此之前我一直认为自己永远无法从亲密关系中得到我真正需要的东西，但实际上，当我更接受自己时，我就能放松下来，更接受我的伴侣，并发现他对我的爱比我想的要多得多，我们就能变得更亲密，而以前我觉得这根本不可能。

在每个案例中，观念声明的背后都会有一种恐惧，即一个负面的核心观念，而观念声明本身其实便是威胁反应的一种形式，它以为是在保护我们，让我们不感到痛苦，但实际上是在阻止我们感受到配得感、价值和爱。

对很多人来说，做了这个练习后，一个新的观念就会出现……而无论这个新观念、新想法最初看起来多么陌生，它都可以为我们所利用、抓住、强化、重复、关注，这样它最终会变得更容易接受，接着就更正常。

我们可以做很多练习来应对脑海中出现的任何痛苦的记忆。我在对客户进行治疗时就使用了各种各样的练习，通常是在他们放松的时候做。我会让他们闭上眼睛，向内走。有一组简短的练习，你可以自己做，它们最简单却最有效，如果这组练习同时进行，就是我所说的"释放过去"的练习。

练习 29

释放过去

时长：20 ~ 30 分钟

是否需要记日记：是

是否需要伙伴：自主决定

练习背景

如果我们储存了一些令我们情绪激烈的记忆，它们通常会助长我们的观念，影响我们的思维、感觉和行为，但往往就是这些记忆，也会使我们的某一方面被卡住、被锁住、被禁锢在时间中，注定让我们一次又一次地产生同样的感受。

如果我们能够释放与这些记忆有关的所有被压抑或压制的情绪，就能让自己以前被囚禁的这一面获得自由。这样，生活中所出现的所有问题背后的情绪驱动力就可以减少或消解，从前的表面症状会随之消解，接下来新的、更理想的结果就可以取代它们。

我是在学习催眠治疗的初期第一次接触到"内在小孩"这个概念的。当时我遇到了作家佩妮·帕克斯（Penny Parks），并阅读了她的《拯救内在小孩》（*Rescuing the Inner Child*）一书。

这本书对于所有在童年曾遭受虐待或创伤的人都有极大的帮助。多年来，我调整、发展了自己的方法，在引导客户跟着感觉一步步深入时，我会采用下面这一过程，它一般分为四个部分：

1. 建立联系。

2. 表达未表达的东西。

3. 把感觉还回去。

4. 赋予内心的声音以力量。

练习说明

第一部分　建立联系

在找到一个关于从前的你的记忆后——这里的"从前"可能意味着从几天前一直到孩提时代——第一步便是与这个"你"建立联系。

1. 这一次用嘴深呼吸几次，让自己在情绪上更开放，甚至可能会感到有点脆弱。

2. 使呼气的时间长于吸气的时间，听起来像是一声极其温柔的叹息，就像前面的练习一样。

3. 呼气时闭上眼睛，专注于自己的呼吸；呼气时让身体的肌肉放松。

4. 再做几次这种"叹息式放松"呼吸。

5. 注意脑海中出现的任何想法，但在呼气时，想象把这些想法吹走，把注意力重新集中到呼吸上。

6. 告诉身体要放松。（有时告诉我们的身体放松比告诉我们自己放松更容易。）

7. 再做几次正常的呼吸后，让思想集中在内心深处，感受一下内心深处的某个地方，远离平常的世界，超越生活中的各种想法、恐惧和限制。在内心深处感受那种你可以回归的平静的感觉。

当你感觉准备好了，想想一直困扰着你的那段记忆或场景。现在想象你能够回到过去。如果你愿意，可以带上你信任的人。想象你正走进那个场景，走到从前的你面前。不用生动地描绘或想象，只要有感觉就可以了。想象自己走到那个从前的你面前，看着他的眼睛，说：

"我知道成为你是什么感觉。我知道你在想什么，我知道你的感受，我知道你现在害怕什么，我完全知道现在的你是什么感觉，因为我就是你。我们只是同一个人的不同视角，我是来帮助你的，和你在一起，这样你就不需要再为此感到孤独了。我们可以一起解决这个问题。"

大多数时候，这会产生一阵情绪上的波动，往往混合着悲伤和安慰。如果感觉合适，你可以想象自己给那个从前的你一个拥抱。

第二部分：表达未表达的东西

这部分的目的是帮助从前的你表达在此之前一直憋在心里或"未表达"的所有感觉或情绪。

重要的是你要明白，我们并非在寻找那个彬彬有礼的你，那个在遇到有人向你询问生活中的某个领域时会侃侃而谈的你；我们也并非在谈论理智分析，也就是在治疗性讨论中可能出现的那种分析。

我们要的是经历中那些真实、粗糙、未经审查的、原始的、情绪化的内容，无论它们以何种语言或词语来表达。（听到这里，客户经常哈哈大笑，告诉我："我还不知道可以在治疗中说这些话！"）

我们想要的是清除，以便让所有在潜意识中扎根的想法都会被连根拔起，获得自由。想象一下，你和那个从前的你关注曾给你们造成困扰的人或事（无论是谁，无论是什么，准确地告诉他们你的感受），对他们说："当你_____（他们对你做的任何事），你让我感觉到_____（他们带给你的任何感受）。"一吐为快。

我知道很多宗教教义都说要行宽恕，当然这里我们也可以这样做，但我总是发现，当我们依然抱有伤痛和怨恨的时候，几乎不可能考虑宽恕。诚实应对自己的感觉——伤害、痛苦、愤怒、背叛，面对它们，让它们浮出水面，将它们表达出来，以这样一种安全的方式释放它们，它们就不会再缠着你，至少在纠缠程度上会轻一些。

另外，我知道，从技术上讲，没有人可以被迫产生任何感觉，但事实上，如果现实生活中发生可怕的事情，肯定会让我们感觉好像有人或有什么在让我们有某种感觉，如果我们接触到它，这种感觉就会重现，所以就让我们以自然的方式做出回应，以便摆脱它。

如果你愿意，可以把它写下来，这样也能达到这个目的，就像写信一样，但不需要发送。只要清除这些感觉和情绪，向它们的原始来源表达你的想法即可。

如果你感觉到仇恨，没关系，表达出仇恨。

"我恨你让我有这种感觉。"对有些人来说这可能是合适的。

对另外一些人来说，他们可能更容易接受"我爱你，但讨厌你让我产生那种感觉"的表达方式。

如果你觉得害怕这样做，可以用以下句子开始："我害怕这样做，但是……"然后继续。

如果你觉得这样做有负疚感，可以这样开始："我觉得说这个很有负疚感，但是……"然后继续。

没有其他规则，只是……不要问问题！

你不要说："你为什么要这样做？为什么会发生在我身上？"因为这通常会起反作用，我很快会解释。

你只要把感受写出来或口头表达出来就可以了。表达未表达的东西，直到没什么可说的了。

第三部分：把感觉还回去

一旦你与那个内在的、从前的你建立了联系，并在他表达内心所承载的东西（无论是什么）时与他站在一起，现在你就可以想象自己把一直以来的这些感受全都收集起来，在呼气的时候，把它们送还给生成它们的那些人或事物（无论是谁，无论是什么），让他们现在不得不去感受它们。

这样做几次，或者需要多长时间就做多长时间；长时间缓慢地深呼吸，把这些感觉送回到它们的来源地。某位老师？父母？兄弟姐妹？某个"朋友"？某个伙伴？某个前任？某个陌生人？

你想要的是让对方感受到他们让你感受到的一切……不是为了惩罚，而是为了让你找到平静。

如果是个陌生人或一个与你并不亲密的人，想象一下对他们说："这些是你的感觉，你把它们给了我，但我不想要了。把它们带回去，自己处理！"你也可以说能起同样效果的话。

如果是和你比较亲近的人，可以修改为："我不希望你永远都有这种感觉，我只想让你感觉到它，这样你就会明白，再也不会这样做了，之后我们大家都自由了。"或者你可以说类似的话。

这往往会让你情绪非常激动，但当它击中要害时，你会发现这是一次有强烈宣泄性的体验。

我通常会观察客户在做这个的过程中的感觉，就是这时候我们经常会听到"更轻松、更自由、更高大"之类的评论。这样做了并感觉到一种解脱或释放的感觉后，我们就需要把它与我们最初开始的地方连接起来，做我称之为"赋予内心的声音以力量"的练习。

第四部分：赋予内心的声音以力量

一旦你与内在的你联系起来，表达了所有以前未能表达的东西，并把感觉送回到它们的来源地，这时你通常就开始感觉到不同了。现在我要的是一份"我可以"的声明。

"现在你已经做了这个，感觉更轻松和自由，这对我们之前谈论的那个问题意味着什么？"

"这意味着现在我可以_____（做我自己、感觉更自信、在工作上放手一搏、更合理地进食或感觉和伴侣在一起很安全，等等）。"

我想让你用一个新的口号来给内心的声音提供动力，这个口号实际上是真实的，对你来说有某种意义，它表明现在对你来说有些东西已经改变了。

"以前我不能……但现在我可以！"

每当我们以这种方式释放我们的过去，就是在解除一些条件作用，解除从前对生活的认知对我们的催眠。从现在开始，我们要迎接对生活的新的认知方式。

这绝非易事，但就像最美丽的海滩总是最难找到一样，凭借不走寻常路的勇气并勇敢直面我们的发现，我们体验到了最深刻的、最深远的释放，因为在另一边是我们往往很久没有感受到的平静和安宁。

练习30

宽恕

时长：5分钟

是否需要记日记：否

是否需要伙伴：否

练习背景

为了得到安宁，最终我们必须感受到宽恕，但这里不能按这个词的通常含义理解。对宽恕的典型解读是："你做错了事，但我会很有风度地让你摆脱任何罪恶感。我会把你包裹在一个宽恕的光球里"。

虽然这在理论上是友爱的，但很多时候，这种不愉快的感觉在潜意识中仍然存在，这就是为什么我在应对过去的记忆时要检查是否有任何未表达出的怨恨，这样我们才能得到更真实、更深刻的宽恕。

不过，我慢慢了解到，宽恕还有一个更深的层次，真正的宽恕意味着能够将一段经历视为从未发生过。不是"忽略"或"这次我放过你"。为了获得真正的安宁、给予真正的宽恕，我们必须要能以这样的方式思考、感受，就好像那个一直以来引起我们不安的事件或经历从未发生过一样。并非去压抑或抑制，而是必须把它看成从未发生过，这就把宽恕提升到另一个层次，一个大多数人一开始难以接受的层次。

这可能看起来很奇怪，但很多时候，我们之所以对此耿耿于怀，是因为耿耿于怀实际上给了我们某种东西——通常是与核心观念有关的东西，我们害怕若是真的宽恕，就会失去我们心目中那个应该得到的东西。但是事实上，情况恰恰相反，当我们能以这种方式真正宽恕时，我们就能得到安宁。

这并不意味着我们允许其他人继续对我们做一些事情，也不意味着我们宽恕某些行为。它意味着，在理想情况下，我们可以以某种方式迈步向前，这样怨恨就没有任何意义，我们不再对它念念不忘，从而打破了循环。有很多方法可以让我们解除催眠，找到新的生存方式，这是另一种方法。

练习说明

1. 找个安静的地方，不会被打扰。你可以闭着眼睛坐着做，如果你愿意，也可以到处走走，只要在一个可以独自思考的地方。

2. 在手机或其他设备上设置一个五分钟的计时器，在这五分钟里，在脑海里搜寻让你愤怒的人或事。

3. 不要入戏太深，你只需问自己："如果我能放过这个人，就像那件事从未发生过一样，会是什么感觉？"注意这让你有什么感觉。愤怒？恐惧？失去力量？丢面子？

4. 再问自己："如果我能放过这个人，就像那件事从未发生过一样，会是什么感觉？只感到安宁？"

5. 看看是否能坚持这种"安宁"的感觉超过一会儿……每坚持一秒钟，你都在帮助自己打破你觉得需要原谅的那个东西（无论是什么）的循环。

这种宽恕的感觉不应该只来自你的大脑和你的心，你也应该能在内脏里感觉到它，我们的很多怨恨正是留在这个地方。

如果你在做这件事的时候，在任何一处感到紧张，看看是否可以在更深一层上放下。你得放下一切与正确、评判、寻求报复、或希望得到道歉或任何类似的东西的想法。这些当中的任何一个或类似的想法都表明：你试图在理智上进行宽恕，但潜意识中仍然保留怨恨。

如果你发自内心地渴望去宽恕，但还是太生硬，没关系。你可以试着说："我想宽恕你，等时机成熟了就会宽恕你。"你也可以说起到同样效果的话。记住，这并不是说他们的所作所为是对的！而是说，我们想让他们的所作所为从我们的心里彻底消失，感觉就像它从未发生过一样，这样我们就完全摆脱了它。不是抹去它，而是自由了，因为我们不再将任何意义附加到它身上（回想一下关于"认识到意义"的练习）。

如果觉得太难，那也没关系。了解一下为什么难，然后用之前的任何一个练习来深入挖掘一下。

有一件事是我们不想做的，那便是假装宽恕，因为这只会进入我们的潜意识，造成更多的问题。如果问题仍然存在，这意味着我们的一个或多个核心观念受到了质疑。没关系，只要保持你的感觉，留意它，然后围绕这种感觉做一个"不想要/想要"练习，看看会出现什么。

归根结底，我们只是想与这种情况和平共处，这就是目的。

练习 31

U 形流动图总结

时长：很难说

是否需要记日记：是

是否需要伙伴：自主决定

练习背景

最后，我们又回到了 U 形流动图这里！在前面的章节和练习中，我一直在给你提供各种各样的拼图碎片，让你自己去做，那么现在让我们把这些放在一起，看看如何能缓解或解决你生活中的一些问题。

让我们最后一次使用我们对健康与幸福、事业与财富、人际关系与亲密关系这三个主要类别的想法。你可以以图 2-2 为指导，或者在日记中画出一个模板，为三个主要领域中各需要立即改变的那"一件事"做一张 U 形流动图。

在之前的练习中，你已经给出了很多所需的回答，不过你可能需要重复一些回答，以便得到更集中的结果。

一定要用一种外在表达方式来做这个练习。不要只在脑子里做，因为这样的话它就只停留在你的脑子里。努力在日记中写下回答。如果你有一个值得信任的 E. S. C. A. P. E. 伙伴，你们可以按照指示一起做练习，即轮流大声回答问题，但要注意你们当中是否有人出现某个句子没说完或某个词中断的情况，这有助于使那些隐形的东西显现出来，使其变得可见、更容易被接受。

练习说明

1. 从健康与幸福开始，想一想需要立即改变的"一件事"。

2. 在图 2-2 的左上方写出你希望改变的表面症状。你想戒掉什么或减少什么？有什么是你"不想要"的？

3. 从你对这个领域做的"不想要/想要"练习中寻找相关回答，在图 2-2 相应的框中写下新的、相反的"想要"。

4. 前进到下一层，写下从前那些"不想要"的思想、感觉、情感和行为。你现在已经意识到，这些都是造成那些表面症状的原因。你可能已经在"三层深入"练习中发现了这些。

5. 在图2-2中写下你在"三层深入"练习中给出的新的、积极的回答。

6. 再向下前进一层，在图2-2中左边的框中写下你为了以这种方式思考、感觉和行动而一直相信的东西。任何观念声明都可以放在这里。

7. 在另一边，写下你的新观念声明，可以对这些声明做出改动。这可能是对"观念声明"练习中的"但实际上"陈述的总结。

8. 再下降一层，写下所有似乎一直在支持任何一个观念声明的记忆、生活经历及内部参考资料。

9. 在另一边写下你在"释放过去"练习中"我可以"部分做的陈述。

10. 在图2-2的底部，写下与从前的表面症状相关的任何旧有核心观念。你可以在"真正的'不想要/想要'"练习和"二级获益"练习中找到这些，如果有任何相关的话。

11. 写下你想通过改变生活的这一领域来增强哪些核心观念。

12. 写下与你从前的生活方式相关的旧身份声明，可以在"如何揭示你的隐形身份"练习中找到。

13. 在另一边，写下你的新身份声明。

14. 完成这个U形流动图后，从右侧开始由下往上读。通常，从正面的核心开始。一般来说，从积极的核心观念开始会给上面的层次带来进一步的新想法，实际上这对你来说更有意义，更能让你洗心革面。

15. 如果你愿意，可以休息一下，然后在其他两个领域——

事业与财富及人际关系与亲密关系——重复这个练习。

16. 称赞一下自己。

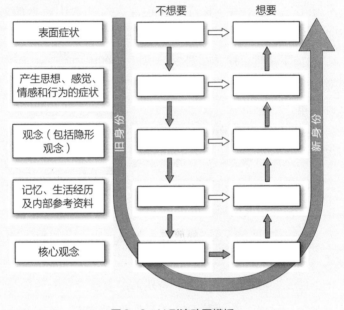

图2-2　U形流动图模板

成功法则

对我们想要完成的任何事业来说，都有可以实现它的成功法则。如果遵循这些法则，我们就可能获得成功；如果不遵循，我们就不会成功。在运动动机领域，这有时被称为"要过程不要结果"，即不要关注最终结果（获胜），而要关注达到目的的过程（吃得好、努力训练、积极心理、休息和恢复），其他一切都会自己解决。

如果你想给自己或自己的生活带来某种改变，"成功法则"可以帮你实现。现在看一下你的U形流动图，右边的内容应该给出了在该领域取得成功所要遵循和关注的法则，至少可以帮你在这方面取得进步。

如果你有一个大大的"为什么"，并感受到适当程度的承诺，就应该感到受鼓舞，在某方面的思考、感受和行为会有所不同。这种方式将为实现你希望达到的目标创造更多的合适条件。如果你仍然感觉在哪个领域有抗拒情绪，没关系，记住你的"为什么"，深入挖掘一下那种抗拒情绪——就像我们之前做的那样，问问自己："我在想什么？感觉到了什么？我相信什么？如果不这样，我需要思考、感觉或相信什么呢？"

当U形流动图的所有层次最后都能对齐时，你就更有可能创造出合适的条件，得到更积极、更成功的结果。

一切催眠其实都是自我催眠

有很多关于催眠疗法和催眠的书，但我不想写这样的书。我想写一本关于改变生活的书，因为这才是我真正感兴趣的，而自然催眠只是我们可以用来做辅助的一个工具。

实际上，所有的催眠都是自我催眠，我们所有人都已经是专家了。我们每天有成千上万的想法，每当我们专注于其中一个，不去质疑它，并让这个想法在我们的潜意识中扎根，这就是催眠——无论是花钱请人对我们说、听录音还是对自己说。

我们会有意识地关注这个想法，正是这种有意识的关注使它生根发芽。再重复一遍，我们不会被打昏，但如果条件合适，我们可能会暂时失去或降低批判能力。

遗憾的是，恐惧、惊吓和创伤为催眠提供了完美的条件，再加上不断地重复一些经历，这就是为什么我们会被生活催眠，并在条件作用下做出反应，这通常反映了我们的原生家庭的情况，或是重大事件的反映。

虽然很多人把催眠说得很玄奥，但其实并没有什么神秘的，它只是一个自然发生的、从一个现实到另一个现实的焦点转移，有些人觉得更容易做到而已。

如果你想进行一次正式的自我催眠治疗，以强化 U 形流动图中的理念，可以使用任何一个前面描述过的方法来帮助你放松，放慢呼吸，向内走。

有些人会说，必须要坑一些小把戏来绕过批判思维，但实际上，批判思维正在试图保护你，所以为什么要耍弄它？理解它并教育它，它就会高兴地让开，成为你的盟友。

自我催眠的问题

我从很多渠道、很多方面听到过这样的说法：我们生活的质量由我们关注的东西的质量决定。从我的经验来看，这当然是正确的。但我也听到有人说，我们生活的质量由我们向自己提出的问题的质量决定，因为每当我们向自己提出问题时，就会发生一件有趣的事——我们的大脑会去寻找答案！

这个问题的表述方式也会决定我们在四处寻找的答案，并最终决定我们最后会关注什么。

例如，如果我们因为注意力不集中或其他原因而犯了错，就很容易对自己说："啊，我怎么会这么笨呢？"我们的大脑就会去为我们寻找答案，寻找我们这么笨的原因，会竭尽全力在我们的生活经历和观念中寻找能解释我们为什么这么笨的理由。

"嗯，你是个白痴，所以当然很愚蠢。你从来不听别人的话，不去集中注意力，也从来不去完成该完成的事，现在你必须加倍努力工作，因为你一开始就搞砸了。你真是个白痴。"

再举个例子，"为什么没有人喜欢我？"

"嗯，你太不可爱，所以谁会喜欢你？想想所有你觉得自己不可爱或不受喜欢的时候，就很明显了。你有问题，你不正常。你永远不会被人喜欢，所以再去尝试有什么意义呢？"

我们可能并不总能意识到答案，但可能会感觉到它，至少能感觉到对它的反应——很可能是一种威胁反应，造成了某个表面症状。它可能稍纵即逝，也可能绵延不去，纠缠我们一段时间，让我们不断责备自己。有趣的是，由于我打错了前面最后一句话，将"责备"一词纠正为"背叛"。而这正是我们每次以这种方式责备自己时所做的事情——我们在背叛自己。

在问完这样一个自我批判性的问题之后，有意识或下意识地进行自我对话总是会反映我们的某些观念——往往是那些看不见的观念，它们在明面上运作、存在，可我们就是看不见——所以这类问题实际上给了我们另一种方法，让我们使看不见的东西变得可见。

但是，这类问题总是会让我们的大脑寻找一些证据或想法来自圆其说，而且通常会让我们感受到问题的负面焦点（无论是什么），即上面两个例子中的"愚蠢"和"不受喜爱"，以及由此衍生的各种情况。

通过以这种消极的方式提问，我们实际上是在二度催眠自己，或者让自己二度受条件作用影响，使自己更强烈地相信那个负面想法。它在那一刻让我们感觉真实、有效，所以这个想法直接越过了批判思维这个守门人，进入了俱乐部，在那里它可以一整夜尽情跳舞。而我们只在之后产生的感觉和情绪中感受到发生了什么，并未在守门人拦住它时产生"战或逃"的反应。

这样的问题就像是一种间接的暗示。"我怎么会这么笨？"本质上是在说"我很笨"。"为什么没有人喜欢我？"是在说"没有人喜欢我"，我们接受了这个想法，没有质疑。

不过，若是能利用同样的现象为我们服务，而不是反对我们呢？若是能打断从前那个自动过程，用一个不同的问题取代它呢？若是可以问一个问题并让大脑去寻找答案，但这个答案是我们想要的，而非不想要的呢？那样的话我们的大脑会怎么做？

- 我怎样才能成为一个以健康与幸福为先的人？
- 我怎样才能创造一个更令人满意、更有回报的事业？
- 我怎样才能在目前的恋爱关系中付出更多爱？

若是也给它附加一个意义呢？一个"从而"？

- 我怎样才能让自己更好地集中精力……从而第一次就能听懂很多事情？
- 我怎样才能体会到人们确实喜欢我……从而使我在社交场合感到更轻松？
- 我怎样才能更多地接受他人……从而更多地接受自己？

一般的公式是：

我怎样才能想到/感觉到_____（更积极的东西），从而可以_____（有一个更理想的结果）？

开始时我们可能会有一点抗拒，但只要坚持下去，焦点就会转移到新的、更可取的想法上，潜意识就会去支持它，并根据它采取行动。

不过，重要的是，不要去寻找这个问题的答案！这不是我们最初的目的。我们的目的是让这个想法和我们对这个想法的感觉被接受、被关注，不被质疑。接下来就会发生自然催眠。

记住，无论我们专注于什么或赋予什么以能量，都会使我们的思考、感觉和行动方式发生变化，让我们更多地把它带入我们的生活。以这种方式将我们想要的东西表述为一个问题，将有助于进一步弱化我们的批判思维，并在我们的意识和潜意识中种下一颗新想法或新观念的种子。

不用一直这样做，但对很多人来说，措辞积极的自我催眠问题会比更传统的积极思考型的声明或肯定性话语更有效，因为批判思维对它的反应会降低。

想一想如果我们关注这些问题中的词语，会有什么效果：

- 我要做什么才能按时完成这个？
- 本周我怎样才能组队？
- 本周我在哪三个方面表现得很善良、受人喜爱？
- 我怎样才能以不同的方式看待这个问题？

同样，不一定要寻找答案，我们现在感兴趣的是提出这个问题时的那种感觉。

对很多人来说，重复问几个自我催眠的问题就会让他们有相当大的转变，特别是在缓解或控制住症状方面。对另一些人来说，它会为更深层次的转变播下种子。

不过，在有些人身上，它会引发更深的抗拒。当这种情况发生时，我们只需继续深入挖掘。这个问题通常至少会启动有用的信息流。

请记住"不想要/想要"练习的原则，即表达"想要"时一定要用积极的措辞。例如，与其说"我怎样才能不感到焦虑"（强调了"焦虑"这个词），不如说"我怎样才能保持平静、放松"（强调了"平静、放松"这两个词）。

我们在日常生活中也可以使用这个方法吗？当然。我的外公（未做过战俘）曾跟我讲过，早在 20 世纪 30 年代，当他还是一个年轻的工具制造工时，他是如何使用这个方法来解决英国汽车工业的一个重大的生产线问题的。当时需要一种特殊的工具，但没人能够想出如何制造这种工具，于是汽车生产被严重搁置。每个人都感到困惑，我外公的部门面临的压力越来越大，他们必须要想出一个解决方案。

"我想不出解决方案，"他说，"但我能做的是清楚地定义问题，有了这个，我就能更清楚地定义我们需要什么，尽管我还不知道如何实现它。在明确了问题和所需要的东西之后，我就去睡觉了，脑海里一直想着这个问题。我问自己：'怎样才能使这个工具提供我们所需的解决方案，好让生产能够继续？'"

接下来发生的事情很吸引人，这个话题本身就值得写一本书。半夜醒来时，他的大脑中突然有了一个特别清晰的解决方案。他从床上坐起来，在纸上画了一个粗略的草图，以免自己忘记它，然后继续上床睡觉。早上，他画了一张更详细的图，然后在那天早上上班的时候提出了他的解决方案。它成功了。工具制造出来了，生产继续进行，我的外公立即被提升为部门主管。我必须感谢他让我知道了自我催眠问题这一概念——虽然这个名字是我起的！

练习 32

自我催眠问题

时长：5～10分钟

是否需要记日记：是

是否需要伙伴：没必要

练习背景

把一个积极的陈述变成一个问题可以帮助我们把注意力集中在这个积极的想法上，不会引发抗拒情绪，同时还鼓励我们的潜意识去寻求答案。

练习说明

1. 现在回头看看你的不想要/想要清单，看看是否可以在开头添加一个问题，如"我怎样才能……"，将所有"想要"类陈述转化为自我催眠问题。例如，"现在我怎样才能更加使健康成为首要任务？"（"更加"是我从托尼·罗宾斯的录音中获得的想法，当时他在描述一个类似的过程。）

2. 把这些自我催眠问题记在日记里，像读处方一样每天读2～3次，直到它们深深地印在你的脑海里，你可以随时回忆起它们。

3. 每当你在日常生活中遇到任何挑战时，想一想你想要什么样的结果，并练习用自我催眠问题来询问。

练习 33

五次呼吸法

时长：一两分钟

是否需要记日记：否

是否需要伙伴：否

练习背景

这是一个我可能会介绍给客户的练习，可以帮助他们应对或控制住症状，同时争取在更深层次上进行改变。但实际上，它本身就可以非常有效地创造长期的利益，特别是如果能坚持不懈地进行下去的话。如果与"认识到意义"练习或"不想要/想要"练习一起使用，或者作为对某个更深层的治疗的附加内容，它可以真正推动人们在转变过程中前进。它的美妙之处便在于它的简单性。

练习说明

1. 每当你发现自己在想从前的一个消极的、"不想要"的想法或念头（或者想到任何新想法）时，在意识到这一点之后的五秒钟内深呼吸。在第一次呼气时，想一想你有没有对造成你的紧张或焦虑的那个事件或想法附加什么意义。

2. 这样做的时候，看看能否找出哪个核心观念被激活了。缺少"我足够好"的感觉？或者缺少安全感、控制感、被接受感或开悟感？

3. 再继续做四次深呼吸，每次呼气时，心里默念"我不想这样想/感觉，我想这样想/感觉"，可以使用你想到的任何东西或先前练习时用过的表述。你甚至可以问一个自我催眠问题。

注意 不必在五秒钟内做五次呼吸，只需在注意到原来的消极想法后的五秒钟内开始这个过程，总体做五次呼吸。

这是不是很费时间？是的。要重复吗？要。无聊吗？是的，一开始是。值得吗？只有做了才会知道。有时，你可能没有时间做五次呼吸，没关系，但一定要在意识到原始想法的五秒钟内至少做一次呼吸。

这样做，你就在解放自己，每时每刻、一个想法接一个想法地打破那些旧的模式和意义，引入新的模式和意义。每一天你都在变化，直到有一天，你发现不需要再这样做。因为"真正的你"不需要做这些事。

第三章

大脑与身体

我们的心理影响我们的身体

到目前为止，我们已经谈到了在个人、情绪和行为方面的问题，以及我们的思想、观念和威胁反应如何影响这些问题，从而产生一系列的表面症状。但有一个领域一直让我着迷，那就是我们的心理对我们的身体可能产生的影响。

我最早读到的这方面的一本书是欧内斯特·罗西博士的《心身治疗的心理生物学》（*The Psychobiology of Mind Body Healing*）。在这本书中我了解到一些关于神经肽、信息传递分子和压力对身体长期影响的细节。几年前，在我二十一岁时，我父亲因心脏病逝世，两个月后，我母亲死于脑瘤，两个人去世时都只有四十七岁。

这是个可怕的打击，它把我和我的生活发射到了一个全新的轨道上。如果算上被收养的影响，我现在已经失去了我的第二对父母，我相信正是这一点让我走上了自我毁灭的道路。这持续了几年，直到我"崩溃"，开始对我在前言中提到的那天听到的"了解一下催眠"的声音做出了回应。

学习心身医学时，我无法相信这方面的信息竟然未得到更广泛的传播，也未能在学校教授。我们的思想会对疾病的恶化起一定影响？或者，反过来，有益健康？甚至可以解除疼痛？当然不是。可是，有证据似乎表明，的确如此。

例如，早在1841年，出生于苏格兰的医生詹姆斯·布雷德对他在一次演示中目睹到的奇怪现象产生了兴趣。表演者查尔斯·

拉方丹声称有能力使志愿被试不受疼痛影响。布雷德根本不相信，他的怀疑不无道理。这个演示实际上再现了近七十年前德国医生弗朗茨·安东·梅斯梅尔所提出的方法。梅斯梅尔以其治病能力迷住了欧洲宫廷，他起初是在被试身体周围移动磁铁，然后最终放弃了磁铁，只是大幅度挥舞双手，并在被试周围移动，试图重新调整病人体内错位的"动物磁力"——这种想法实际上与中医理论有一些相似之处。

在这个过程中，被试似乎进入了一种类似恍惚的、睡眠的状态，似乎对操作者的指令有反应——正是这种由梅斯梅尔引导的状态给了我们"入迷"（mesmerized）一词。

尽管梅斯梅尔的理论和解释并未让布雷德感到信服，但他确实被所目睹的演示中某些被试的类似恍惚的状态所吸引。为了给这种奇怪的现象找到科学的解释，他开始进行自己的私人实验，在妻子、朋友、服务人员和病人身上练习。

为重现他所目睹的状态，布雷德开发了一些奇怪的程序，其中之一便是在病人的额头上绑一个软木塞，让他们向上转动眼睛来盯着它。一般先要这样看几分钟，之后病人就会"准备好"并按指令闭上眼睛，可一旦进入所需状态，反应敏捷的病人会更积极地受到他的话的影响，包括保持手臂或腿抬起，尽管他写道"反应能力因人而异"。

闭上眼这个条件使被试看起来像在睡觉，因此他用希腊神话中的睡神 Hypnos 为这种状态命名，由此诞生了"催眠"（hypnosis）一词。

他最终意识到，他所创造的状态与睡眠无关，更多的是帮助病人将其思想集中在某个想法上——孤独臆想（monoideism），排除所有其他想法。当病人这样做时，他就可以更容易地使他们的身体做出所需反应。

尽管布雷德更愿意将这一现象描述为孤独臆想，但当时的媒体却一点儿不买账，他们抓住原来的催眠说法，说他的病人被催眠了。这一方法随后在欧洲被广泛采用。看到那些病人伸出手臂、闭上眼睛或向上看图片，也许你现在就能知道那些老电影中刻画的场景是从哪儿来的了！

布雷德后来修正了自己的方法，不再绑软木塞，也不再让病人伸手臂（谢天谢地），但详细描述了一些利用专注和想象力缓解、治愈若干疾病的情况，其中包括减轻疼痛、治疗类风湿病症、缓解皮肤病甚至脊柱弯曲。我自己也能在某种程度上达到类似的效果。那是在我人生的第一个培训课程上，当时有一位被试描述了他的感觉，就好像他的脊柱"像开瓶器一样松开"了一样；当他走出房间时，与拄着拐杖蹒跚进来的时候判若两人。这效果看起来很神奇，但通过让客户向内走、想象他想要的东西，我实际上只是在教他身体如何自我放松而已。我很快会介绍一些方法，你们自己就可以使用。

问题是，像这样的独立结果并不总是可以复制的，这使得它们难以量化，在医学上也难以被接受，但有一些人则致力于纠正这种情况。比如，让我们看看维姆·霍夫做了什么。他是二十六项与心身耐力和现象有关的世界纪录的保持者。维姆能够抵抗注射到他血液中的一种内毒素的影响，这种内毒素本应产生炎症反应，但他的身体没有显示出任何这种症状。为了证明这不是侥幸，他训练其他十二人也做了同样的事情。使用了维姆的方法后，这些被试大幅提高了他们的肾上腺素水平，而肾上腺素被认为是内毒素的炎症因子的抑制剂。医学界认为，以这种方式控制免疫系统是不可能的事情，但在很多场合，在严格的科学研究条件下，维姆表明我们可以有意识地、刻意地影响我们的免疫系统，只要我们愿意学习如何去影响。

维姆被称为冰人，因为他总是与冰浴和冷水浴联系在一起，而且他曾只穿短裤和凉鞋攀登珠穆朗玛峰！他教给所有学生和追随者的是适应能力："通过学习如何适应寒冷，我们可以训练自己适应生活的压力。我们的身体能够做到的比我们意识到的要多得多。"在他名下有二十六项世界纪录，这些都是很难反驳或质疑的。维姆结合了呼吸技术和心态，开发出了一些非常简单的医疗方案，我们都可以采用。这些医疗方案突破了我们认为在身体和心理健康方面可以做到的界限。他是一个真正的先驱，我强烈推荐你们读他的书《维姆·霍夫方法》（*The Wim Hof Method*）。

安慰剂反应或信念反应

在第二次世界大战之前，很多医生和医师就已经悄悄地开出了糖丸或类似的处方以安抚某些病人，因为他们认为这些病人其实并不值得接受他们想要的那种治疗。但是，当这些病人中的一些在服用这些药片后真的开始康复时，人们似乎发现了一个新大陆，尽管一开始它基本上被忽略了。

之后，在第二次世界大战后期的一家美国野战医院里，大量伤员被抬到麻醉师亨利·比彻医生和他的工作人员面前，让他们几乎崩溃。吗啡是缓解疼痛的标准注射剂，非常有效，几乎可以立即缓解疼痛（我自己也曾在痛苦的术后恢复时享受过它的好处）。但有一天，比彻的物资用完了，一名护士自作主张，决定为躺在手术台上的伤员注射盐水，比彻惊讶地发现，盐水与吗啡的效果完全一样——尽管没有有效的止痛成分，但却能让受伤士兵的疼痛几乎在瞬间得到缓解。每当吗啡供应不足或完全耗尽时，他们都会多次重复这样做。

战后回国后，这一效果引起了比彻的兴趣，他开始研究病人对药物的反应有多少是来自药物本身，有多少是来自服用药物这一想法。大约在这个时候，康奈尔大学的哈里·戈德等人也对此感兴趣并开始了研究。

现在看来很不可思议，但在当时，在比彻于1955年发表了他的报告之前，制药业从未用假药来测试其药物——只为了找出有多少效果归功于药物，以及有多少归功于用药这一想法。

在很多情况下，当病人相信给他们使用的是有效的药物时——其实没有活性成分存在，他们和他们的身体似乎会做出像使用了真正的药物一样的反应。如今，我们知道这就是"安慰剂反应"或"安慰剂效应"（来自拉丁文的"我高兴"），它实际上应该被称为"信念反应"或"信念效应"。

关于这个主题的书籍已经有很多，但它们大多停留在对正在发生的事情的观察上，而无法指导我们如何自己创造这种效应。同样，这本身也值得写一本书，不过稍后我会给你一些技巧，你可以体验一下，前提是你已经做了医学检查，这样就不会抑制某个需要进行医学关注的更严重的潜在病症。

不过，我们需要注意一些非常重要的细微之处。我觉得正是由于缺乏对这些细微之处的了解，才导致大量在为确定"信念效应"的真实性而做的研究中出现了混乱。

早在比彻做出该发现之前，19世纪80年代末，法国药剂师埃米尔·库埃就开始使用某种形式的自我暗示来为病人进行免费治疗，而且完全不需要病人进入任何形式的催眠状态。

库埃的方法非常简单：他需要病人百分之百的注意力，然后要求病人反复集中在一个想法上，只集中在一个想法上（听起来很熟悉吧），大声重复某个短语，早上二十次，晚上二十次。这句话是："Tous les jours à tous points de vue je vais de mieux en mieux。"

翻译成中文，就是："每一天，在每一个方面，我都在变得越来越好。"

这可能是现代健康声明的最早形式。据报道，估计库埃以这种方式治疗了 20000~40000 人，最初是个人，后来是团体。

我们体内拥有一种不可估量的力量，如果我们有意识地、理智地引导它，就能使我们掌握自己，不仅能使我们摆脱身体和精神上的疾病，还能使我们生活在相对的幸福之中。

库埃如此说，但他又对这句话做出了限定：

当想象和意志发生冲突、对立时，总是想象获胜，从不例外。

这是大多数人忽略的一点，而且我觉得，这也是安慰剂试验常常会误导人的原因。

如果我们有意识的意志力渴望某件事，但想象力——那个内在的、常常是看不见的、潜意识中的声音或意象——持有不同想法，我们就会再次在那个下行的自动扶梯上奔跑，而下行的自动扶梯（即潜意识中的想象力）将最终获胜。

库埃指出，我们必须专注于一个想法，并且只专注于这唯一一个想法，不能嘴上说着什么，暗地里却想别的事情，即意志力和想象力必须保持一致。如果我们关注的想法没有遇到来自批判思维（大脑守门人）的内部抗拒的话，这些就是自然催眠发生的条件。

他还指出有两种类型的自我暗示：一种是刻意的、正式的，如"每天在各个方面我都在变得越来越好"练习中的这种；另一种更微妙，往往是潜意识中的，在不知不觉中向自己重复想法，即我们的内在自我对话或内在想象。

用我们迄今为止一直使用的术语来说，第一种方式指的是我们必须有意识地、刻意地找到某种方式来减弱或绕过那个批判思维，即大脑的守门人；第二种方式则是神不知鬼不觉地溜进去！但同样地，这两种方法都使用了我们在本书中一直提到的同一过程。

库埃还会用这些技巧鼓励病人期待他们所服用的药物能产生更积极的结果——支持医学治疗，而非取代它——如果现在有更多医疗专家能了解这样做的好处，对于采纳一些观点，我们可能会有更少的恐惧和抗拒。

将注意力集中在某个想法上二十次却不分心，这实际上相当困难，所以库埃建议我们拿一小段绳子或线，在上面打二十个结，每当我们说那个想法时，就顺着每个结挨个摸过去。我曾尝试过这个方法，但几天后就感到厌烦了，而且还把绳子弄丢了！

幸运的是，一旦掌握了这些原则，我们就能以更轻松的方式运用这些想法，取得巨大的效果。我认为开始时仪式往往很重要，可一旦我们内化出一种捷径，就可以免去仪式。不过，这个过程似乎也能以非常神秘的方式发挥作用……

BBC 地平线系列的一部名为《安慰剂》的纪录片讲述了一位来自美国的医药秘书的故事。她一直患有严重的肠易激综合征（IBS）。她曾受邀参加一次药物测试，测试安慰剂（惰性糖丸）对 IBS 的影响——在知道它是安慰剂的前提下。

令人惊讶的是，三天之内，这位女士的症状完全消失了，而且在她参加试验期间一直如此。疼痛、腹胀、痉挛和其他反应都消失了。悲惨的是，当试验结束、安慰剂用完后，她的症状又出现了！

纪录片以她伤心地努力寻找更多安慰剂的镜头结束。这位可怜的女士所需要的不过是有人能给她一个不同的仪式，一个她可以相信的仪式以产生同样的效果。

这部纪录片还讲述了安慰剂的外观如何产生不同的效果：胶囊往往比圆形药丸效果更好，红色胶囊对抑制疼痛效果最好，而蓝色胶囊对抑制焦虑效果最好。

还有研究甚至发现，安慰剂效应在外科手术中也能起作用。病人在做了假膝关节炎手术后恢复得和那些做了真正手术的人一样好，能继续进行运动，恢复那些以前不能做或做起来非常痛苦的身体运动。经证明，同样的情况也适用于一些背部手术。

这方面还有一个更极端的例子，即布鲁诺克·克洛普弗博士在1957年报告的"可爱的赖特先生"的案例。我是在前面提到的欧内斯特·罗西的书中第一次看到这个案例的。病人赖特先生患有淋巴结癌，处于癌症晚期，康复的希望很渺茫。赖特卧床不起，身上长有大的肿瘤，肺部有积液，呼吸困难。由于贫血，他没有资格接受当时的标准治疗，所以他真的是在捱日子，一天天等死。但他有一种坚强的精神，在听说一种叫作克力生物素（Krebiozen）的新的神奇药物后，他恳求克洛普弗将其纳入试验。令人难以置信的是，在接受注射三天后，克洛普弗报告说，赖特已经站起来了，可以走路、说话、大笑，还会开玩笑，他的肿瘤已经"像雪球一样融化"。在接受克力生物素治疗十天后，他出院了。医院宣布他已无癌症，能重新开始生活。

然而，两个月后，关于这种新的神奇药物并不像最初想象的那样有效的报道见诸报端，这对赖特影响巨大。他的肿瘤复发了，不久后他再次入院，再次接受克洛普弗医生的治疗。

克洛普弗对以前发生在赖特身上的事情很感兴趣，于是想出了一个计划。他告诉赖特，刚刚发布了一个该药物的新的、更有效的版本，如果赖特愿意，可以尝试一下样品。

他当然愿意。克洛普弗为这个程序创造了一个仪式，煞有介事地给他注射盐水——就是亨利·比彻和工作人员在战地医院使用的那种用来代替吗啡的盐水，然后等待着会发生什么。

结果再次令人难以置信，赖特完全康复并出院了。

最惨的是，这之后的某个时候，一些报告证实克力生物素一点儿用都没有。赖特的信仰丧失了，他的癌症复发，去世了。

这是一个极端的例子，也是一个难以复制的例子。但是，关于病人从所谓的不治之症中康复的案例有很多，医学界通常将其称为"自发缓解"（spontaneous remission），推断是疾病突然自己消失了。如果我们足够虔诚的话，真的可以用"希望"让疾病消失吗？这的确很不错，但经仔细调查后发现，这里面发生的事情还要多得多。

你的想法——你的话语——你的想象力可以对你的身体产生深远的影响。如果条件合适，这种影响会极其强大。稍后我会给你介绍一个简单的实验，你可以试着做一下，将詹姆斯·布雷德、埃米尔·库埃的原则和信念反应的原则应用于任何一个让你现在产生身体不适的领域。但首先，我想让你看一个关于我的学员的案例研究来体会一下这有多简单。这位学员决定对其女儿实施一些疼痛缓解技术。

案例研究　　　　　　　　**自然缓解疼痛**

在凯莉三十三岁时，她的下背部出现了疼痛，并在接下来的三年里持续恶化。尽管做了很多检查，医疗专家还是无法确定病因，于是将其诊断为慢性疼痛症。

医生给她开了止痛药，开始是"可待因＋对乙酰氨基酚"，然后随着疼痛的加重，他们把药量增加，用上了曲马多，之后又用了镇痛药 Zomorph。最后，在疼了五年后，医生安排她服用吗啡片剂 Oramorph——一种口服吗啡，如果需要，她可以在白天作为增强药使用。

凯莉的父亲理查德·菲利普斯预订了我的执业医师课程。他对我解释说，医生现在希望凯莉减少 Oramorph 和 Zomorph 的用量，尽量自己控制疼痛。凯莉很担心，问父亲是否可以用催眠来帮助她。

理查德说："我去看望了女儿，只是向她描述了一下用想象进行治疗的效果。接着我问了她一些关于背痛的问题，她希望得到一些帮助。"

凯莉目前的用药方案是早上用 40 毫克 Zomorph，晚上用 40 毫克 Zomorph，再加上 Oramorph。如果需要进一步止痛，就再加上一些抗抑郁药以帮助她调节心情。

在理查德去看望女儿的那天早上，凯莉还没有服用任何止痛药，以便观察她父亲对她的治疗能起多大作用。

理查德帮助凯莉放松下来，进入那种向内走的专注状态，接着给她读了一些文字，这些文字可以让凯莉想象出一个治疗湖，既可以在周围游玩，也可以在湖里沐浴。当他们将身体浸入湖水中时，湖水会温柔地带走他们的疼痛和不适。他还提醒凯莉，为加强效果，她可以随时用自己的想象力来幻想疼痛得到缓解。

凯莉在治疗后的最初报告是：背痛消失了，只剩下轻微的疼痛。这比治疗前有了极大的改善。大约半小时后，她感到疲倦，进入了一个小时左右的深度睡眠。这也是深层治疗后很常见的情况，当然也经常有人会感觉完全相反。

从睡梦中醒来时，凯莉报告说她的感觉仍然相同——没有不适，但感到轻微的疼痛。七小时后她再次报告了同样的情况。

第二天，也就是星期一，她说她知道有东西在那里，但仍然感觉不到疼痛。她说感觉很"特别"。星期二和星期三的大部分时间也都是如此：感觉不到疼痛，感觉不到不适，也没有吃药。

星期三晚上，她报告说，尽管她知道她的背部疼痛，但仍然感觉不到；不过，她的小腿和脚踝开始感到不适，这种情况以前没出现过。最后，那天晚上，她用了 20 毫克的 Zomorph——自理查德对她进行治疗开始，这是她近四天来第一次服药。

随后几天里，背痛平静下来，她能在早上用 20 毫克 Zomorph，晚上也是如此。就这样，在四天没有使用吗啡的情况下，从第四天晚上开始，她用了不到原来一半的药物。凯莉仍然知道背那里有什么东西，但仍然感觉不到任何疼痛。

最终的结果是，在凯莉的父亲为她读了别人给他的几张纸上的一些字之后，她能将近四天不使用吗啡！这就是催眠。

当然，所有的催眠其实都是自我催眠。因此说来，正是凯莉专注于这些想法，才真正创造了这个结果。有时候，事情真就这么简单。

练习34

创造信念反应

时长：15～20分钟

是否需要记日记：是

是否需要伙伴：不是必需的，但会有用

重要事项：在进行这项练习之前，请一定确保你已经进行了全面的医疗诊断，绝对没有掩盖任何可能需要进行治疗的潜在问题。

练习背景

当我们以正确的方式集中注意力时，我们的思想对我们身体的影响远远超过大多数人的认识。这个练习⊖类似于我对客户所做的那些帮助他们缓解慢性局部疼痛、痛苦或身体某部位的不适的练习，所以目前请将它只应用于这类事情上。你可以把它当作一个实验，看看会发生什么。你会发现，这是对"不想要/想要"练习的改编……不过不要被它的简单性所迷惑。

⊖ 改编自西班牙外科医生安杰尔·埃斯库德罗开创的一种名为"意念疗法"（Noesitherapy）的方法，他曾培训病人在没有麻醉的情况下实施自然镇痛，为手术创造条件。多米尼克·贝尔尼把这个方法介绍给我。

练习说明

注意 你需要用一杯水来做这个练习。

1. 想一想身体的某个部位可能会有某种程度的不适。这本身其实就已经是一个建议了——我们把"疼""痛"这些词改成"不适",因为这个词的重点是舒适(你的大脑会有过滤掉"不"的倾向)。

2. 聚焦那个不适的部位,如果安全的话,闭上眼睛,让思想进入身体内部,从内部角度想象那个不适的部位。想象它是什么样子、有什么感觉。无须在医学上准确无误,只需使用你的想象力。看看能不能用几个词来描述它给你的感觉,比如:

热

红

红肿

尖锐

疼

锯齿般的

或者看看能不能让你的大脑以某种对你有意义的方式表现它:

卡住

扭曲

僵硬

打结

紧

破损

弱

压迫

陷在里面

我们在努力寻找这样一种方法，它能让你的大脑以一种对你有意义的方式来表达这种状况。

- 我肩膀那儿的痛感是热的、红的、尖锐的，就像一把匕首刺了进去。
- 我的胃感觉膨胀、疼痛，仿佛很重，里面满是尖锐、扎人的东西。
- 我的膝盖感觉被卡住了，僵硬，里面全是黑色的焦油。

在向下进行前，为自己做这件事。花点时间真正感受、体会对这种情况的内在体验。

确保至少用三个词来描述它，把它们写在日记里。这些就是你全部的"不想要"。

3. 接下来，写下每个词的反义词，列个表，这就是你的"想要"。它们描述的是你希望它是什么感觉，或者你想象它是什么样子的，比如：

热	⇒	凉
红	⇒	浅蓝色
红肿	⇒	愈合
尖锐	⇒	光滑
疼	⇒	舒适
锯齿般的	⇒	平滑的
卡住	⇒	自由
扭曲	⇒	笔直
僵硬	⇒	灵活

打结	⇒	解开
紧	⇒	松
破损	⇒	修复
弱	⇒	强
压迫	⇒	释放
陷在里面	⇒	自由

你用的词可能与我的例子相似，也可能完全不同——用你感觉最好的词。

注意 可以做一个临时练习……阅读上面所有的负面词汇，连续地读，想象将它们应用于你的身体，注意你产生的任何反应。很多人只要一读到这些词，就会觉得对自己的身体有负面影响。接下来读与其相反的那个正面词汇列表，想象将这些词应用在你的身体上，注意做的时候身体有什么反应。

注意到有什么不同了吗？如果注意到了，很好，这表明你有能立刻以积极方式影响身体的潜力。如果没发现任何差异，你也不用担心。你可能对这个过程分析得有点过头了，或者它目前对你并不适用，那就更好了。

但是，我们当中有很高比例的人仅仅在阅读这两份不同的列表时就会感到某种不同。你能想象这样做有什么消极的或积极的长期效果吗？

好了，回到主要练习。

4. 你要把注意力集中在对自己的状况的描述上，说明你希望它成为什么样，好把它转变成积极的状况。尽可能地把每一个消极词语都换成更理想的积极词语。一定要为每个描述性词语找到一个反义词（见表3-1）。

表3-1　消极状况与积极状况的转变

不想要从前的状况	想要新的状况
我肩膀那儿的痛感是热的、红的、尖锐的，就像一把匕首刺了进去	我希望我的肩膀感觉凉爽、是浅蓝色的、光滑，就好像它已经愈合，正常了
我的胃感觉膨胀、疼痛，仿佛很重，里面满是尖锐、扎人的东西	我希望我的胃能感觉放松、舒适、轻盈，里面很柔软、光滑
我的膝盖感觉被卡住了，僵硬，里面全是黑色的焦油	我希望我的膝盖能感觉自由、灵活，透着美丽的黄色光亮，像蜂蜜一样

5. 喝口水，把它在嘴里含着转一转，但先不要咽下去。这样做时，凝神想着你想创造的新状况。含着这口水，尽可能对自己说出你想要的新状况；说的时候，想象你正把那种反应注入这口水，所以现在这口水体现的就是你想创造的那种状况，如清凉、浅蓝色、柔软、自由、痊愈、正常。

6. 咽下这口水，想象它带着那个新的积极的状况流经你的身体，将清凉、浅蓝色、柔软、自由、痊愈、正常经由你的身体传播到想治愈的部位。这样做的时候，一定要全神贯注——唯一一个想法，还记得吗？

7. 再重复步骤5和步骤6各两次。然后就照常过你的一天。

8. 每天做两次，早晚各一次，持续五天左右，看看会发生什么。

能缓解你的疼痛吗？我不知道。能缓解你的病情吗？我也不知道。我所知道的是，有些人在读到这个方法时得不到好处，有些人会得到部分好处，有些人则会得到**巨大**的好处。

实施这个信念反应的方法有很多。这是我在有限的篇幅内可以讲到的简单的练习版本之一。如果有更多的时间和更多的细节，我们可以更深入，并进一步嵌入、完善、微调，寻求对我们每个人最有效的方法。

在与客户的一对一会谈中，我通常会花上四十分钟左右的时间来真正了解他们的具体发病情况，帮他们开发出一个定制程序，利用心理手段帮助他们缓解病情。

但是，虽然这些信念反应练习在缓解很多人的一些症状方面非常有效，但我自己不会用它们来应对重大疾病。在提供心理支持以协助常规治疗方面，我可能希望挖掘得更深一点。偶尔我甚至会引导客户与那个需要治疗的身体部位进行对话——当我帮助客户让他们的身体疾病发声时，他们发现的东西相当神奇！有时我们不得不超越疾病本身。

疾病背后

1985 年初，那时我十九岁，有一次我和一个朋友外出一周后回到家，发现我母亲（当时四十五岁）无法阅读了。她可以识别并说出字母，比如 R-E-D，但无法再把它们组合成一个词。之后她就开始头痛。一周后，她被紧急送往医院，我仍然记得那一天，父亲回家后，告诉我她被诊断出患有脑瘤，还能活六周。

我做的第一件事就是去买了一些香烟。我其实不抽烟，但我想这是人们在遇到令人震惊的事情时所做的事！这是我的第一包烟，也是唯一的一包烟，但我在帮助人们戒烟时总能想起这件事。

在当时，这个癌症诊断对我们实在是个重大打击，但以我现在所了解的情况回头看，它本不该是。所有迹象都表明，她正在遭受越来越多的压力，感到越来越无法应对，经历着绝望、孤独和抑郁的感觉，直到最后她的身体说"够了"。确诊两年后，她去世了。

我在声称所有脑瘤都是由于压力造成的？我并没有证据支持这一点，但是我所看到的情况符合我此后意识到的一种模式，即在重大疾病暴发前，往往会出现一系列重大的生活压力，一般从症状最终出现前约十二个月至十八个月开始。

了解心理对身体的影响越多，我们就越能理解：很多疾病并非自发的，而是有一条通往这些疾病的途径；我们最终向医生或医疗人员表现出来的症状实际上只是其中的一部分，背后还有很长的一个故事。

有一个全新的医学研究领域叫作表观遗传学（epigenetics），它研究的是发生在细胞外的因素如何决定了细胞内的基因的激活或灭活方式。这些因素包括环境中的毒素、我们的营养，以及由我们的心理产生的压力化学物质。我们的环境、饮食、情绪，甚至意志力都会对我们的基因及它们的激活或灭活方式产生影响！

任何人只要愿意关注，都会了解到有无数记录在案的自发缓解案例，即某个人原本治不了的病症或疾病自发消失或缓解，这往往令医学专家感到困惑。案例显示，这往往突然发生，一夜之间，找不到明显的解释或原因。可是，我们越是准备深入研究这些案例，就越是发现它们根本不是随机的或自发的。患者的态度和生活方式发生了明确的转变，这影响到了细胞甚至基因水平，从而带来了缓解或消除先前症状所需的生物性改变。同样的反向过程可能是导致病情恶化的首要原因。杰弗里·雷迪格医生的《自愈力》（*Cured*）一书非常详细地介绍了这一点，癌症外科医生伯尼·西格尔和背痛专家萨尔诺一生的著作也是如此，这仅仅是其中的几位。

2006 年，我受邀参与一个对耳鸣的治疗方法的研究。耳鸣是脑袋里出现的鸣叫声、口哨声、嗡嗡声和嗖嗖声，它影响了很多人。我以前在这方面取得过一些成功，我的网站上也有一些奖状，这也是我参与进来的原因。我花了大量时间与世界上许多探讨这个主题的专家交流，甚至围绕我提出的一个想法召开了一次年会。但真正让我感觉击中要害的是一位来自新西兰的顶级外科医生的话。

我们坐在瓦伦西亚一家酒店的会议室里［这次会议后来成为"耳鸣研究计划"（Tinnitus Research Initiative）的首次会议］，这位外科医生拿起笔，开始在餐巾纸上为我作画。他画了一张大脑草图，上面有一个杏仁核（大脑的情感中心）的阴影区域，即与威胁反应有关的区域。

"在我看来，"他解释说，"无论最初是什么原因导致了耳鸣，只要它进入杏仁核，就会形成一个循环，这个循环会维持住它，即使最初造成它的原因早已消失。"接着，他看着我的眼睛说："作为一名外科医生，我不能在那个区域进行手术……"

"但我可以！"我想，我已经在设法帮助一些耳鸣患者了，用的就是这种方式，这也是我一直在做的事情。

说白了，每当人们向我寻求这方面的帮助时，我都会说："我不能治愈你的耳鸣，但我可以帮助你创造合适的条件，使它平静下来，让它减弱或至少看起来减弱，最终飘到你不在意的背景中。"

而我所做的一切便是带领他们体验全套 E. S. C. A. P. E. 法（如前所述）。我会帮助他们接触到一切潜在的压力或情绪——即使它们与耳鸣没有直接关系，以使他们的内在压力水平下降，直至耳鸣状况减少。一旦做到了这一点，我就会用更科学的方法来帮助他们关闭那个威胁反应（这往往是耳鸣挥之不去的原因），并将注意力从声音上移开。病人进来时耳鸣程度为九级或十级，在进行两三次治疗后，当他们走出去时，耳鸣程度已经降至三级、二级或更低，这种情况很常见。

目前，地球上没有哪种药片或药水可以做到这一点；如果有的话，就会被誉为神药。我们所做的其实是超越疾病，把它当作任何其他一种表面症状来对待，努力看到背景中可能发生的事情。

我的另一位已毕业的学员萨拉·罗伯丁格在最近做了一次很棒的治疗后给我发了下面这条短信：

嗨，安德鲁，我想告诉你，我给我的朋友做了一次缓解疼痛的治疗。我们做了回归治疗和其他一些特别棒的事情，他把二十多年来的焦虑、感受和痛苦都释放了出来，一会儿笑，一会儿哭，说有史以来第一次感觉疼痛消失了，而且知道它再也不会回来。

当我追问更多细节时，萨拉解释说，她的朋友小时候遭遇过一次创伤性事件，让他觉得自己做错了什么，从此太阳穴那里就一直痛。在某种程度上，这种疼痛是为了保护他不去想那个事件或感受那些情绪。

当他释放了所有那些围绕该事件的被压抑和抑制住的情绪，并开始应用"不想要/想要"这个练习时，表面症状——疼痛——就消失了。

我妹妹是一名执业护士，2016 年，她"突然"患上 1 型糖尿病，并被告知在余生中必须每天注射四次胰岛素。然而，如果我们看看疾病以外的因素，就会发现：在确诊前的十八个月左右的时间里，她承受了令人难以置信的压力，情绪波动很大，各方面的问题都有，不胜枚举。一个个具有挑战性的情况接踵而至，将她的身体和情绪推向崩溃点。她不得不坚持下去……但确诊糖尿病给她带来了生活方式和优先事项上的巨大改变。

三年后——即 2019 年——发生了有趣的事。随着从前那些令她产生压力的情况或得到解决、或留在过去，她的生活变得更快乐、更轻松、更平静。在一次周末外出时，她的血糖突然下降得厉害，到了一个让她觉得注射胰岛素会不安全的水平。这种情况持续了两个星期。她寻求医生的建议，被告知无须再注射胰岛素，因为她的胰岛素分泌量已经增加到比确诊时更高的水平。

起初，她的全科医生认为她最初被误诊了，但由于参加了一个重要的糖尿病研究项目，她有机会接触到了这方面的一些英国顶级专家，他们确认她最初的诊断是准确的，但仍然对她的康复感到"困惑"。医生们目前分析其原理是：发病前一年的压力造成了皮质醇（威胁反应产生的激素）的大量积聚，这影响了她的自身免疫系统，导致了胰腺的衰竭。

在接下来的几年里，随着生活的改善和压力的减少，她的自身免疫系统能够恢复正常，胰腺也开始产生更多的胰岛素。其数量并不完美——可能是正常水平的 25%～50%，但这意味着，在写作本书时，即确诊十八个月后，她仍然无须注射胰岛素，只需服用一种药丸来帮助身体更有效地利用体内产生的胰岛素。"我们知道的越多，"她的主治医生说，"就越是意识到还有更多不知道的。"

我们的心理会影响我们的身体，既可以对我们不利，又可以对我们有利。大多数聪明人都会同意，一个人的健康取决于诸多因素，其中包括饮食、运动、生活方式和心理，当一个人患上疾病时，所有这些因素都应该被考虑在内。

虽然一百多年前就有詹姆斯·布雷德、埃米尔·库埃这样的先驱在做这方面工作，但我们仍然需要在这些领域进行更多的医学研究，以便给医疗从业者信心，让他们更容易应用它们。其中一个已经进行了良好研究的领域便是使用催眠可视化技术来治疗肠易激综合征，也就是前面提到的BBC地平线系列纪录片中那部关于安慰剂的纪录片讲述的情况。众多研究表明，患者疼痛、腹泻和腹胀等症状能够明显减少，并减少对药物的需求。在与一位同学的实操练习中，我的另一位患有肠易激综合征的学生也成功地解除了对某种食物的反应，使自己能获得一些重要能量，从而完成当天要参与的一些体育锻炼。在此之前，由于有不良反应，她不得不避免食用这种类型的食物。

如果我们能将这些缓解症状的方法与寻找疾病以外的因素结合起来，通过威胁反应来解除所有由表观遗传学、长期压力及环境因素、营养和睡眠造成的潜在影响，那么心理生物学领域及其在疾病康复中的作用就依然会像一个几乎未被开发之地，总是让我感到好奇、着迷。

第四章

真正的你

云层背后

我记得有一天我像做白日梦般地盯着窗外——这种事我似乎总是做得很熟练——拼命希望云层散开，好让我能看到太阳。我记得在那一刻恍然大悟：太阳一直在那里，一直在照耀，但被云层遮住了，所以我们常常看不到它。

在我的治疗生涯中，我大部分时间都在帮助人们拨开云雾，让他们重见阳光。阳光一直在那里，只是被隐藏、遮蔽或遗忘了。那道阳光就是"真正的你"。

当大多数人开始审视内心，询问自己是谁，开始探索自己的"内在身份"时，首先遇到的往往是云团。从远处看，这些云似乎是真实的。从远处看，我们的恐惧、疑虑和观念也似乎是真实的。

因此，我们在开始任何形式的内在探索时，不要期望找到美丽的日出和日落，长着棕榈树的、被阳光亲吻的海滩。审视内心时，我们通常首先遇到的是由各种恐惧、限制和隐形观念组成的风暴云，如果四处乱弄，甚至可能引发起一场真正的风暴。

在现实生活中，当我们直面这些感觉、情绪和观念时，可能就有些可怕。对有些人来说，一开始会觉得太难以承受，所以他们宁愿多逃避这个现实一会儿，哪怕生活最终会以这样或那样的方式追上他们。但是，如果我们能够面对自己的这团恐惧乌云，知道我们所看到的其实是由一生中构筑起来的观念所形成的幻觉，并有勇气近距离审视它们，那么这一幻觉就会开始消解。正如我之前谈到的，客户经常对我说："我很害怕发现我到底是谁。如果我真的很可怕怎么办？如果我真的不可爱呢？如果我真的是一个卑鄙之徒呢？"

转身重返这个世界，忙忙碌碌地做我们在外面该做的事（不管是什么）以使内心暂时感觉好受一些，这往往要容易得多。但是，对于任何敢于窥视到云层背后的人来说，绝对会看到太阳光芒耀眼——我们真正的、真实的、自然的自我就在那里，等待着，享受着那份温暖。

多年来，我明显感觉到，我对自己持有的大多数基于恐惧的想法都是错误的。事实证明，我的客户或学员对自己所持的大多数基于恐惧的想法也是错误的。因此，我们可以合理地推断，对你来说也是如此——你对自己持有的大多数基于恐惧的想法是错误的，不过它们看起来很真实。

理解这一点很重要，因为当我们开始向内探索、遇到风暴云时，我们得知道，无论它们看起来多么真实，其实都并非如此。如果你的视线能穿过一团团恐惧的乌云，看见"真正的你"，你就能感到平静，所有你曾一直追逐的那些外在的东西突然就显得不那么重要了。

你真正想要的东西

之前我们做了一个练习，我说过，在生活中你真正想要的是增加一个或多个核心观念。

- 更多的"足够"。
- 更多的安全和保障。
- 更多的控制。

- 更多的接受和联系。
- 更多的快乐（恋爱及其他关系）。
- 更大的开悟。

但即使是这些也只是踏脚石。你真正想要的是拥有这一切会给你带来的东西_____一种深深的平静感。

- 渴望更多的"足够"⇒平静。
- 渴望更多的安全和保障⇒平静。
- 渴望更多的控制⇒平静。
- 渴望更多的接受和联系⇒平静。
- 在恋爱与其他关系中获得更多的爱和快乐⇒平静。
- 更大的开悟⇒平静。

在每一个时刻，我们真正想要的不过是一种深深的平静感。

有了平静，我们就能感受到幸福；有了平静，我们就能更好地促进健康或与疾病和解。平静可以给我们带来财富，多重意义的财富；平静可以帮助我们做出更好、更明智的选择，而不是像一个压力过大的疯子一样慌不择路。平静可以给我们留出个人空间，也为他人留出空间。

我们真正想要的不过是平静。

这是能为我们所控制、衡量的东西。每时每刻，一天又一天，无论生活为我们安排好了什么，我们依然可以不顾一切地选择平静。

这是否意味着只需整天坐在那里打坐就行？不，当然不是。平静以多种形式出现，有很多方法可以让我们从外部世界对其窥见一斑。对有些人来说，它可能是跳伞或冲浪；对有些人来说，它可能是考试或交易上的成功；对有些人来说，它可能是出色地完成一份工作并获得赞美和崇拜，或是美味佳肴带来的那种满足感、与爱人共度的时光、演奏乐器、进球或对饮料的沉溺。所有这些都能提供片刻的平静，但一切都会成为过去。

然而，当我们应对内心的感受和情绪时，当我们解除从前的恐惧和一些关于我们是谁、是什么的限制性观念时，当我们让从前的身份解体且让新的、更令人满意的"真实的你"取代它们时……这种平静的感觉就会不断蔓延开来，进入到日常生活中的更多领域。

是否需要放弃跳伞、冲浪、成功、接受赞美、享受美食、拥有浪漫爱情、喝酒或躁动？当然不是。这只是意味着我们无须做这些来逃避那些糟糕或单调的事情，而且能感到平静。我们会本能地感到平静，这时再想做这些事情的话，就去做。

当我们不再试图去逃避那些由恐惧和条件作用对我们的限制所带来的感觉，而是超越它们、选择平静时，外部世界似乎就会自然地反映出这一点。我们的思想、情绪和行为会变得更有建设性，当我们参与客观世界的活动时，我们就会更有意识地选择快乐，而这种快乐也往往更持久。

我们想要的不过是平静

我之所以在这里提到这一点，是因为当我们谈论放下某个从前的身份时，常常会把它与一种遭受损失或做出牺牲的感觉联系起来。我为此折磨了自己很多年。我想要一些东西——它们就在那里——我认为它们会给我带来平静，但我越是追寻它们，平静似乎就越是躲避我。

我做了一些事情。我实现了一些东西。我拥有一些成功，也有过一些失败。但这些都没有持续下去。这一切都未曾给我带来任何持久的平静。尽管如此，放弃这些梦想的想法依然是不可接受的……我不想只是坐着，什么也不做，什么也不去实现，所以我会一次又一次地尝试。可是，唯一真正给我带来持久平静感的事是放下那些从前的想法和限制——一层层、一个感觉接一个感觉、一个观念接一个观念——并意识到我们真正想要的不过是平静，所以这就是我现在的目标。

无论何种情况，我只想要平静。

每当我这样做时，我的平静程度就提高了一个档次，我的幸福程度也提高了一个档次。然后，当我大胆地返回世界时，我的自我接受感、自由感与自我和解感都得到了提升。

其中有些是在高强度的 E. S. C. A. P. E. 治疗过程中发生的，就是我为客户做的那种；有些是通过应用本书提出的观点和其他尚未提及的观点逐渐发生的；还有些是因为"生活"本身迫使我选择平静！但是，有一件事无比重要，那就是结束对自己和他人的攻击，并找到方法来加强五个核心观念。

我足够好

我很安全，有保障

我很强壮，有力量，可以控制自己

我被接受，有归属感

我体验到爱是一种快乐

我真正不顾一切想要的是平静

总结

因此，在我看来，我们每个人都面临着这样的情况。

我们出生在这个世界上，似乎有些事情会发生在我们身上。有些感觉很好，有些感觉不好，但不管是什么，它都会塑造、形成我们的观念，接下来在一生中我们都要承载着它们，它们也会进一步塑造我们的生活和经历。

虽然在某种程度上，生活中发生在我们身上的事情是单平面的，但有这样一种极大的可能性或概率，即我们实际上同时是在创造和体验生活——按照我们的观念和条件作用，而自由意志在这两者之间进行斗争。

任何时候，只要我们愿意，都可以更新这些观念和条件作用，但由于这种更新大部分都是在潜意识中发生的，所以我们不相信自己能做到。

挑战这些观念和条件作用会引起恐惧和愤怒，其表现为威胁反应，让我们抗拒改变。记住，一切抗拒皆是恐惧。

不过，与此同时，整个系统似乎从设定上就会不断地为我们提供机会，让我们直面恐惧或它们的影响，促使我们进化，成为更丰富的自己。

然而，在所有的焦虑和限制性观念之下，其实有一个更轻松、更自由的自己——"真正的你"——一个与自己和平相处的人，活在当下，是给周围世界的一个礼物。

当我们开始承认这一点并与之合作的时候，生活就开始有了新的意义，我们所经历的很多身体和情绪上的挣扎就会开始缓解或消除。

但生活的真正痛苦是对这种变化的抗拒，以及由此带来的各种"放手"。每放下一个从前的想法或观念，我们就摆脱了生活对我们的限制——其中很多是我们强加给自己的（但我们远未意识到），而且随着自我实现程度越来越高，我们最终会成为生来就应该成为的那个人。

　　读起来很容易。但现在你知道，你再也回不去了。你可以假装忘记一段时间，就像我曾无数次做过的那样……但你永远无法回去，最终你还是会记起。

　　你会永远知道，无论你经历什么，在某个地方，以某种方式，每一刻都是一个机会，要么重复从前的模式，要么演变成某种新事物。你总会面临选择，要么放弃你的力量，要么利用它；要么继续受困，要么进化；要么陷在里面，要么逃跑（E. S. C. A. P. E.）。

　　如果有毅力和勇气，你也许能自己做到这一点，但很多时候，一位有经验的专业人士或能干的逃伴能帮你加速这一过程，他们可以使不可见的东西变得可见，并将其反馈给你。不过，你永远不要担心会被抛在后面。生活总是会在正确的时间以正确的方式向你提示正确的方向。

　　再深入想一下，我们到底是谁？是否只是一些主要由水组成的生物物质块、一些随机发射的神经元和化学物质？我们在生活中蹒跚而行，有各种各样的经历，却没有任何意义或重要性，只是碰巧从以前的同类中进化了出来，就像许多人让我们相信的那样？抑或我们有比这更深刻的东西？在《个人现实的本质》（*The Nature of Personal Reality*）一书中，珍·罗伯兹写道：

　　　　你被赐予了神灵的礼物，
　　　　你按照你的信念创造你的现实。
　　　　你是创造你的世界的能量，
　　　　没什么能限制你，除了你自己的信念。

　　现在，我把它留给你来决定！但是，根据我自己的经验和近三十年来对数以千计的客户的研究……我知道哪一个对我来说是最有意义的。

我们已经谈论过核心恐惧、观念、条件作用和威胁反应，它们是我们所有个人、情绪和习惯性问题的根源，也可能是我们很多身体上的疾病的根源。当我们看世界或在脑海中形成一些图像时，看到了危险、威胁和攻击——或潜在的这些。我们真正想要的是摆脱那个建立在恐惧之上的自我，走向更自然、更真实的自我，感到与自己和平共处，与世界和世界上的一切和平共处。

因此，作为最后一个练习，无论你在哪里，无论和谁在一起，无论在做什么，如果有一天你发现自己感到任何形式的困扰……

吸一口气……

让大脑清醒……

提醒自己

此时我真正想要的 ……是平静。

下一步

下一步取决于你，但如果你想改变什么，就得做点什么，我很愿意助你一臂之力。

如果你有兴趣了解更多，可以上 andrew-parr. com 这个网站，查看一下我们为你创建的资源。

如果你想另外得到一些一对一帮助来突破一些恐惧和限制，你可以预约我们训练有素的持证从业者为你治疗。

我们也为想成为我们学院执业人员的人提供机会，如果你想通过帮助别人摆脱限制来改变自己的生活，可以从这里开始。我们为你准备了一些免费的初始培训，以确保我们能很好地满足你的需求。

无论你觉得下一步是什么，都可以过来打个招呼，或者问个问题，因为无论如何，我们都是在一起的。如果你能联系我们那就太好了：hello@ andrew-parr. com。

致 谢

致我的亲生父母，格洛丽亚和罗伊，感谢你们把我带到这个世界上，并有勇气去做你们必须做的事情。

致我的爸爸妈妈，吉尔和布莱恩，感谢你们那天在诊所里选择了我，爱我，把我养大，给了我充满机会的美好生活。

致威尔斯莫尔一家、沃兹一家、琼斯一家、约拿·韦尔斯一家和鲍德温/伍兹一家，感谢你们在我生命中的不同时期欢迎我加入你们各自的家庭。

致我的妹妹琳恩和妹夫尼尔，感谢你们一直在我身边。

致约翰·詹姆斯，感谢你给了我一个人生计划。

致尼尔·弗伦奇、乔治·菲利普斯和沃尔特·布罗德本特，你们是我的催眠启蒙老师，感谢大卫·艾尔曼和吉尔·博因，你们加深了我的知识。

致珍·罗伯兹和"赛斯"丛书，它们帮助我的大脑大胆探索未知领域，否则它不可能到达那个地方。

感谢亚尼·金和"P'taah"丛书，让我了解了四种恐惧，并允许我传授它们。

感谢无数帮助我放下自己的疯狂的人。

感谢我的学员、毕业生和客户，特别是那些敢于让我分享他们故事的人，你们都是我的老师。

致企鹅公司的每个人，感谢你们在我撰写此书的每个阶段所提供的宝贵帮助——真不知道你们倾注了多少心血！

感谢我的孩子们——爱丽丝、米洛和艾尔菲——在我看不到活着的理由时教我明辨是非，给我活着的理由，给我那么多快乐和笑声，无论之前还是之后。

我太爱你们了，感谢你们所做的一切。身为人父，我对自己做的所有糟糕事向你们表示歉意！至少这本书能让你们知道我在改正！

最后，感谢艾莉森，我的伴侣、最好的朋友和我们孩子的母亲，在我情绪低落时把我扶起来，在我迷失在云端时把我拽下来，让我保持理智，感到踏实、被爱、受鼓舞。最重要的是，你给我做吃的，还有蛋糕！没有你我根本做不到，也不想做。为下一章干杯！